Maurice Thurman

Praxisratgeber
Klassikerkauf

Land Rover
Serie III
Alle Modelle von 1971 bis 1985

HEEL

HEEL Verlag GmbH
Gut Pottscheidt
53639 Königswinter
Telefon 02223 9230-0
Telefax 02223 923013
info@heel-verlag.de
www.heel-verlag.de

2. Auflage 2024

Der Originaltitel „The Essential Buyer's Guide Land Rover Serie III" ist erschienen bei:
Veloce Publishing Ltd.
Parkway Farm Business Park,
Middle Farm Way
Dorchester DT1 3AR
England

Übersetzung ins Deutsche:
Heiner Stertkamp

Lektorat: Jürgen Schlegelmilch

Satz und Gestaltung: HEEL Verlag GmbH, Stefan Witterhold

Printed in Germany

ISBN: 978-3-86852-804-6

Inhalt

Einleitung – Zum Zweck dieses Buches

Dieser Ratgeber zeigt Ihnen Schritt für Schritt, wie Sie geradewegs genau den Land Rover Serie 3 auswählen, der für den angepeilten Einsatz ideal geeignet ist und dennoch Ihr Budget nicht sprengt.

Das liebe Geld: Sie sollten nicht unbedingt das teuerste Exemplar kaufen, das Sie sich gerade noch leisten können – es wird Ihnen dann nämlich das Geld für eventuelle Umbauten oder Reparaturen fehlen. Für Ihre langfristige Planung erfahren Sie hier, mit welchen Kosten Sie rechnen müssen.

Der Zubehörhandel bietet inzwischen zahlreiche Teile und interessante Sonderausstattungen für den Land Rover Serie 3. Deshalb wird man keine zwei identischen Exemplare finden. Viele dieser Zubehörteile werden hier beschrieben und bewertet.

Um sich einen Überblick über das Preisgefüge zu verschaffen, sollten Sie sich am besten durch die Kleinanzeigenteile in Fachmagazinen wie *Oldtimer Markt* und den regionalen Tageszeitungen arbeiten. Auch die in England besonders populären Magazine *Land Rover Owner International, Land Rover Monthly* und *Land Rover World* sind eine dankbare Informationsquelle. Aber auch die einschlägigen Fahrzeugbörsen im Internet sollte man über einen längeren Zeitraum genauestens beobachten, um die Preissituation richtig einschätzen zu können.

Am Plastikgrill ist der Serie 3 am ehesten von den Vorgängern (Serien I, II und IIA) zu unterscheiden.

Stören Sie sich nicht am Unmut des Verkäufers, nachdem Sie den Wagen genau unter die Lupe genommen haben und dann doch nicht kaufen. Entscheidend ist allein, dass das Fahrzeug zu Ihnen passt. Sie werden es kaum beim ersten Versuch finden, sondern vermutlich weit dafür reisen müssen. Mit dem Wissen aus diesem Buch können Sie die richtigen, wichtigen Fragen schon am Telefon oder per E-Mail stellen und so unnötige Reisen vermeiden.

Der Kauf beim angesehenen Händler kommt teurer, aber er muss Ihnen eine Garantie geben und wird Sie bei Problemen nicht ganz im Regen stehen lassen. Privatverkäufer können solche Sicherheit nicht bieten – mit diesem Buch gewinnen Sie aber mehr Klarheit und damit auch Vertrauen in Ihre Urteilskraft.

Detaillierte Hinweise und technische Daten erfahren Sie am Ende dieses Buches. Dadurch bleibt es auch nach dem Kauf noch eine wertvolle Informationsquelle. Bekannte Schwächen des Modells werden angesprochen, damit der Besitzer entsprechende Maßnahmen ergreifen und die Zuverlässigkeit seines Fahrzeugs erhalten kann.

Mehr als eine halbe Million Land Rover Serie 3 wurden gebaut. Besonders in England, aber auch in fast allen anderen Ländern der Welt, wird man viele dieser robusten Alleskönner finden. Einige sind eingemottet und warten nur auf ihre Restaurierung. Viele Exportmodelle wurden bei Polizei oder Armee eingesetzt und blicken nun – zurückgerüstet – einem zweiten Leben im zivilen Gebrauch entgegen. Auch solche Fahrzeuge können Sie mit Hilfe dieses Buches ebenfalls zuverlässig bewerten.

Nicht immer verraten die Scheinwerfer in den Kotflügeln die Serie 3 – hier z.B. ein später Serie IIA. Der anders gestaltete Kühlergrill verrät es.

Danksagung

Bob Lane und seine Frau Sarah haben ihren vollrestaurierten Land Rover Serie 3 für zahlreiche Fotos in diesem Buch (z.B. diese Seite unten) zur Verfügung gestellt.

Mustafa Haciahmetoglu ist die Abbildung seines Serie 3, Baujahr 1974 auf dem Buchcover zu verdanken.

Viele Serie-3-Besitzer, einige davon sind Mitglieder im Land Rover Serie 3, 90 & 110 Owners' Club, haben mich im Lauf der vergangenen Jahre mit zahllosen Informationen versorgt, zum Beispiel als sie ihren Wagen auf einem der vielen Land-Rover-Treffen in allen Teilen Großbritanniens ausgestellt haben.

Ein 109er Station Wagon wie dieser von Sarah und Bob Lane ist für viele der begehrenswerteste Serie 3.

1 Der richtige Wagen?

Kleine und große Fahrer

Der Sitzverstellbereich ist klein. Weitere Einstellmöglichkeit und bequemere Sitze bietet das Modell County. Fahrer über 1,85 Meter Körpergröße werden den Fußraum knapp finden, die Sicht nach schräg oben ist bei allen Modellen eingeschränkt.

Bedienbarkeit

Anders als bei den früheren Serien ist das Getriebe hier vollsynchronisiert. Mit Geländereifen ist die Lenkung schwergängig (Servolenkung nachrüstbar). Die 109er haben Bremskraftverstärker, die 88er nicht – hier verlangen die Bremsen verstärkten Körpereinsatz.

Abmessungen

Die maximalen Abmessungen sind:

Bei 88 Zoll Radstand:	3,62 Meter lang,
	1,69 Meter breit,
	1,97 Meter hoch
Bei 109 Zoll Radstand:	4,44 Meter lang,
	1,69 Meter breit,
	1,97 Meter hoch

Fahrzeuge mit Verdeck sind 25 bis 50 Millimeter höher, der zwölfsitzige Station Wagon ist 25 Millimeter höher.

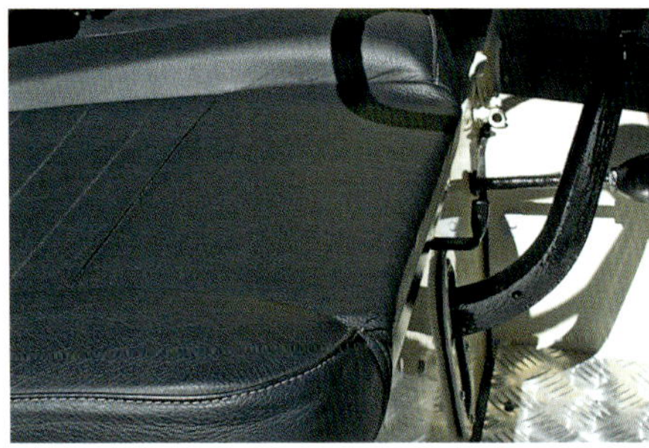

Der Fahrersitz ist nur geringfügig verstellbar und schlecht gepolstert.

Innenraum

Die Innenausstattung ist nüchtern mit viel Plastik – ideal für Haustiere. Die späteren County-Modelle haben Stoffsitzbezüge. Je nach Ausführung gibt es zwei bis zwölf Sitzplätze. Die Langstreckentauglichkeit leidet mangels Beinfreiheit und wegen der steilen Lehnen. Selbst die Modelle mit Hardtop bieten große Ladekapazität: Die Rücksitze (falls vorhanden) sind vorklappbar, die Hecktür oder -klappe ist groß.

Der nachträgliche Einbau von Fenstern in die Lieferwagenseiten ist leicht.

Nutzwert

Erstklassige Geländegängigkeit, hervorragende Ladekapazität. Weniger geeignet für lange Reisen im modernen Straßenverkehr. Benziner haben eine größere Zugkraft, besonders der Sechszylinder. Den serienmäßigen Zenith-Vergaser 36IV kann man gegen Weber 34ICH tauschen – der ist sparsamer, aber zu Lasten der Leistung.

Unterhaltskosten

Selbst bei gepflegtem, gut eingestelltem Motor sind diese Fahrzeuge besonders durstig, allen voran der Sechszylinder. Manche Versicherungen bieten besonders günstige Allrad-Policen. Die meisten Exemplare sind hierzulande bereits für das H-Kennzeichen zugelassen. Wegen ihres Alters sind diese Fahrzeuge auf häufigere Wartung angewiesen. Durch Eigenleistung kann man hier aber das meiste Geld sparen.

Teileverfügbarkeit

Am besten ist die Teileverfügbarkeit in Ländern, wo die Armee oder die Polizei den Land Rover einsetzt, z.B. USA, Australien, Südostasien. Viele Teilehändler in England beliefern auch ausländische Kunden (siehe Kapitel 16). Viele Teile werden nachgefertigt. Die Beschaffung einiger Sechszylinderteile wird gerade zunehmend schwieriger.

Pluspunkte

Hervorragende Zug- und Geländeeigenschaften. Vieles kann der Hobby-Schrauber selbst machen, dazu sind verschiedene Reparaturanleitungen erhältlich. Leicht auf alternative Kraftstoffe umrüstbar. Nachgefertigte Teile zur Verbesserung des Motors erhältlich.

Im Innenraum nimmt das Reserverad viel Platz weg – hier eine günstigere Lösung.

Nachteile

Wegen der Blattfedern vorn großer Wendekreis, besonders bei längerem Radstand! Kommen Sie damit in einem Zug in Ihre Garage? Mit mehr als 95 km/h (beim Diesel 80 km/h) Höchstgeschwindigkeit sollte man nicht rechnen. Der Sechszylinder kann Geschwindigkeiten bis 105 km/h erreichen. Bei kurzem Radstand unbequeme Federung.

2 Kosten – Erschwinglich oder nicht?

Ersatzteilpreise

Bremsbacken (4 Stück)	ca. 60 €
Kupplung, Reibscheibe	ca. 60 €
Lichtmaschine	ca. 70 €
Schalldämpfer	ca. 50 €
Schwungrad	ca. 150 €
Tank	ca. 100 €
Motordichtungssatz	ca. 50 €
Kopfdichtungssatz	ca. 30 €
Radlager	ca. 20 €
Hauptbremszylinder	ca. 25 €
Ausleger vorn	ca. 30 €
Antriebswellen (SWB)	ca. 70 €
Hinterer Querträger	ca. 120 €
Stoßdämpfer	ca. 50 €
Anlasserkohle	ca. 10 €
Steuerkette	ca. 25 €
Spurstange	ca. 45 €
Spurstangenkopf	ca. 10 €
Wasserpumpen-Überholsatz	ca. 15 €
Radlagersatz hinten	ca. 20 €
Wischerblatt	ca. 15 €
Radbremszylinder	ca. 20 €

Karosserieteile

Spritzwand, verzinkt	ca. 1300 €
Türscharnier	ca. 10 €
Türunterseite	ca. 70 €
A-Säule	ca. 60 €
Längslenkerende vorn	ca. 40 €
Fußbodenblech	ca. 30 €
Fahrgestellrahmen, verzinkt (SWB)	ca. 1400 €
Verdeck, komplett (SWB)	ca. 350 €
Verdeckgestänge (SWB)	ca. 450 €
Deckel für Sitzkiste	ca. 25 €
Sicherheitsgurte, Paar	ca. 200 €
Dreisitzige Rückbank	ca. 120 €
Kotflügel-Außenteil	ca. 170 €

Viele Serie-3-Teile werden nachgefertigt, versuchen Sie aber stets, Originalteile zu ergattern.

Gebrauchtteile sind besonders in England problemlos erhältlich, ebenso in anderen Ländern, wo der Land Rover beim Militär eingesetzt wurde.

Nicht selten wurde in ein Serie-3-Exemplar ein fabrikatfremdes Triebwerk implantiert. Prüfen Sie in diesen Fällen, wie es um die Ersatzteilversorgung für diese Motoren steht. Einige Teile für den 2,6-Liter-Benziner sind extrem rar und teuer. Auch bei uns sind viele Teile in gebrauchtem Zustand erhältlich – viel preiswerter als Original- oder nachgefertigte Teile. Wenn Originalität keine Rolle spielt, lässt sich mit Teilen aus anderen Fahrzeugtypen bares Geld sparen, z.B. aus dem Land Rover IIA. Im Verbrauch ist der Vierzylinder-Diesel noch günstig, weniger genügsam zeigt sich der gleich große Benziner und als ganz ungehemmt gilt der Sechszylinder-Benziner.

3 Leben mit dem Land Rover

Der Land Rover ist als Vielzweckgerät konzipiert, an dem man viele Reparaturen selbst ausführen kann. Das ist mit Grund für seine Popularität. Nur sein Vorbild, der Jeep, ist in ähnlicher Weise zum Inbegriff eines Geländewagens geworden. Man kauft hier eine lebende Legende.

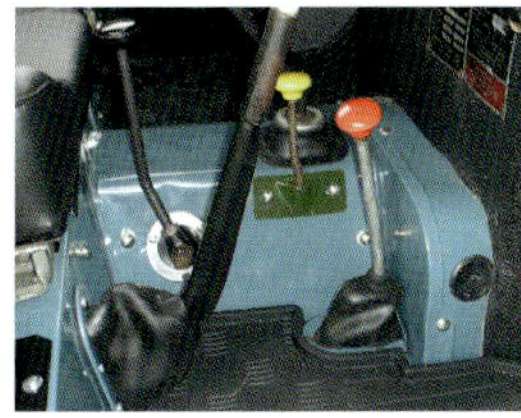

Mit den Hebeln muss man richtig umzugehen verstehen, um Schaden von der Kraftübertragung fernzuhalten.

Die jüngsten Land Rover Serie 3 sind schon über 25 Jahre alt. Ihr Fahrstil muss sich dem anpassen. Der Motor kann mit modernem Verkehrstempo kaum mithalten, erst recht nicht an Steigungen. Beschleunigung, gutes Kurvenverhalten, Federung, kräftige Bremsen, leichtes Rangieren – all das darf man bei dem herben Engländer nicht erwarten. Beim 109er verhindert der wegen des Radstands große Wendekreis das reinzirkeln in manche engere Parklücke. Für die meisten Parkhäuser ist der Land Rover zu hoch; auch wäre der Wendekreis dort ohnehin bereits ein massiver Hinderungsgrund.

Der Sechszylinder ist der einzige Originalmotor, mit dem sich deutlich über 100 km/h erreichen lassen – Reisen werden also länger dauern als bisher gewohnt – das Ankommen steht also weniger im Vordergrund als das Unterwegssein.

Für Verbrauchsbewusste ist der Diesel natürlich die erste Wahl, jedoch ist dann für längeres Reisen ein Satz zusätzlicher Dämmmatten sinnvoll. Der Vierzylinder-Diesel kann nur begrenzt durch Motorleistung überzeugen. Testen Sie auf einer Probefahrt, ob Sie mit dem eher schwachbrüstigen Triebwerk zurechtkommen. Bei längeren Reisen kann der Vierzylinder-Benziner mit seiner Kraft die günstigere Alternative sein, ein Overdrive hilft, den Verbrauch zu senken. Viele Besitzer haben leistungsstärkere und sparsamere Motoren aus Fremdfabrikaten eingebaut.

Der Innenraum ist stets geräumig, jedoch wird es für die Mitfahrer im zwölfsitzigen Station Wagon eng. Es erstaunt immer wieder, was so alles durch die 1,07 x 0,86 Meter große Hecktür passt. Die Zugkraft ist beachtlich, wenn auch nur bei geringem Tempo. Auch steile Anstiege überwindet der Land Rover.

Nicht jeder mag das Fahren im Gelände. Wer es tut bedenke, dass der Land Rover für das Fahren auf Äckern konzipiert wurde. Der 88er mit seinem kurzen Radstand wird gern für Offroad-Wettbewerbe gewählt, was seine diesbezüglichen Qualitäten bestätigt. Auch bietet er Raum für Leistungssteigerungen. In jedem Land gibt es allerdings auch Beschränkungen für Offroad-Fahrten, und obwohl der Land Rover überall durchkommen wird, muss man auch die rechtlichen Grenzen beachten. Es gibt aber hierzulande zahlreiche Offroad-Parks, in denen man dem schlammigen Vergnügen ungehemmt nachgehen kann.

Dank der klassischen Kastenform ist der Land-Rover-Laderaum enorm geräumig.

Wenn Sie zur zunehmend größeren Gruppe derer zählen, die ihren Land Rover im Originalzustand zu erhalten wünschen, werden Modifikationen nicht in Betracht kommen. Sie werden sich dann an den günstigen Unterhaltskosten des Land Rover erfreuen, denn es gilt: Je jünger, desto besser die Versorgung mit preiswerten Ersatzteilen! Wer es gern bequem mag, wird sich an den rauen Charme des Land Rover erst gewöhnen müssen. Immerhin kann man mit weicheren Sitzen, leichtgängigeren Scheibenbremsen und anderen Anpassungen das Fahrzeug ein wenig den eigenen Komfortwünschen anpassen. Sogar der Einbau eines Radios ist technisch möglich, auch wenn man bei der Schalldämmung im Innenraum nicht sparen sollte, um sich an einem Minimum an Sounderlebnis erfreuen zu können. Straßenreifen rollen wesentlich leiser ab als Geländereifen.

Die Heizung reicht in kälteren Klimazonen aus, um die Hände der vorn Sitzenden einigermaßen zu erwärmen, mehr darf man auch hier nicht erwarten. In heißen Klimazonen helfen die rundum steil stehenden Scheiben, den Innenraum kühler zu halten als bei moderneren Allradlern – auch stört dann der Zug durch die Fugen um Scheiben und Türen weniger.

Wer es schafft, Ikea-Möbel zusammenzubauen, ohne Teile übrigzubehalten, der ist damit auch für das Basteln am Land Rover qualifiziert. Mit einer der exzellenten Reparaturanleitungen zu diesem Modell sollte die Wartung für Sie kein Problem darstellen. Sonderwerkzeug wird nur in Ausnahmefällen benötigt. Für viele ist diese Servicefreundlichkeit und Modifizierbarkeit ein bedeutender Anreiz. Bei den Land-Rover-Clubs sowie entsprechenden Webseiten und Foren im Internet bekommt man zusätzliche Tipps (siehe Kapitel 17).

Ein gepflegter Serie 3 begeistert nicht nur Sie, sondern er wird auch überall zum Blickfang, wo Sie ihn parken.

Im Gegensatz zu anderen Fahrzeugen ist an der Unterseite alles auch ohne Bühne erreichbar. Als Bastler sollten Sie wissen, dass die meisten Teile allein wegen ihres inzwischen erreichten Alters (Verschleiß-)Probleme bereiten werden. Bei regelmäßiger Inspektion achten Sie auf hart werdende Gummitüllen, lose Verbindungen, durchlässige Dichtungen etc. Originale Ersatzteile werden Sie sicher Ihr Ziel erreichen lassen, aber mit den vielen billigen Teilen können Sie auch schon einmal eine Panne unterwegs riskieren. Seien Sie also gewarnt.

Der Serie 3 bringt Sie an einsame und entlegene Plätze dieser Welt.

Nicht selten und je nach Einsatzzweck und Vorleben ist der Land Rover aus mehreren verschiedenen Fahrzeugen zusammengebastelt. Prüfen Sie deshalb genau, ob es mit den Papieren für Ihr ausgesuchtes Fahrzeug seine Richtigkeit hat.

4 Relative Werte

Nähere Angaben zur besseren Einschätzung des aufgerufenen Preises finden Sie auch in Kapitel 12. Hier an dieser Stelle geht es aber vor allem um die preisliche Bewertungen der verschiedenen Modellvarianten.

Die nachfolgende Tabelle gibt einen guten Überblick über das Preisgefüge der verschiedenen Modelle in Deutschland, wie es sich bei Drucklegung dieses Ratgebers darstellte, ermittelt von Classic Data. Die Spezialisten für Fahrzeugbewertungen aus Bochum beobachten seit über 25 Jahren den Markt für zwei- und vierrädrige Klassiker und bieten ein bundesweites Netz qualifizierter Kfz-Sachverständiger, die u.a. Wertgutachten für angebotene oder gekaufte Fahrzeuge erstellen. Unter www.classic-data.de findet man eine nach Postleitzahlen sortierte Liste der Classic-Data-Partner.

					Zustandsnoten				
Modell	**Karosserie**	**PS/KW**	**ccm**	**Baujahr**	**1**	**2**	**3**	**4**	**5**
88 Serie III	Geländewagen	77/57	2286	1971–1984	18.000	12.200	7.700	5.100	1.600
109 Serie III	Geländewagen	62/46	2286	1971–1984	17.500	11.900	7.400	3.900	1.200
109 Serie III	Geländewagen	83/61	2625	1971–1984	19.500	13.100	8.800	5.400	1.700
109 Serie III	Geländewagen	92/68	3489	1979–1984	21.000	14.500	9.300	5.700	1.800

Quelle: Classic Data

Geschlossener 88er County mit speziellen Seitenstreifen

109er Pritsche mit Plane und Spriegel

88er mit Verdeck

Zu beachten ist, dass der gut ausgestattete County Station Wagon (1982–1984) in der Regel der teuerste Serie-3-Landy ist. Pritschen- und Dieselmodelle sind generell etwas günstiger zu haben.
Bei Fahrzeugen von der „Insel" ist zu beobachten: In Großbritannien gilt eine Steuerbefreiung für Fahrzeuge vor Baujahr 1973, was einen Preisaufschlag von etwa 5 % erklärt.
Die höchsten Preise erzielen natürlich gut restaurierte, originalgetreue Serie-3-Landy. Für solche Concours-Fahrzeuge wird das Budget erheblich belastet. Man sollte sich aber gut überlegen, ob man seinen Land Rover nicht eher im Alltagsbetrieb einsetzen möchte.
Oft wurden leistungsstärkere oder sparsamere Motoren aus markenfremden Fahrzeugen in die Serie 3 eingebaut. Anderen Modifikationen begegnet man in Gestalt von z.B. Umbau auf Gasbetrieb, Alufelgen, bessere Sitze, Beplankung mit Alu-Profilblechen. Solche Veränderungen führen wegen der fehlenden Originaltreue zur preislichen Abwertung.

88er Safari, geschlossen mit so genanntem Safari-Dach

Je nachdem, in welchem Land das Fahrzeug vorher unterwegs war, sind noch geringfügige Veränderungen erforderlich, um hierzulande überhaupt eine Straßenzulassung zu bekommen. Ein Fahrzeug ohne eine Zulassung für Deutschland ist generell schon mal weniger wert. Prüfen Sie also die Rechtmäßigkeit aller Modifikationen.
Die Austauschbarkeit von Teilen zwischen unterschiedlichen Landy-Varianten kann dazu führen, dass manches Karosserieteil nicht der Spezifikation für das Baujahr des Fahrzeugs entspricht. Solche Veränderungen sind besonders bei Fahrzeugen im Geländeeinsatz nicht selten, und das wirkt sich nachteilig auf ihren Wert aus.
Viele Serie 3 sind nachträglich als komfortablere County-Ausführungen umgerüstet worden. Die originalen County-Modelle waren nur in den Außenfarben Russet-Braun und Masai-Rot erhältlich, die Streifen waren dann cremefarben. Sie wurden erst ab 1982 gebaut.

5 Vor der ersten Inaugenscheinnahme

Im Folgenden geben wir Ihnen ein paar Tipps zu den Fakten, die geklärt werden sollten, bevor Sie sich auf den Weg zu einem potenziellen Kaufobjekt machen. Einiges erscheint vielleicht selbstverständlich. Aber allzu häufig vergisst man genau diese Dinge in der Aufregung, womöglich ein Schnäppchen im Internet oder im Anzeigenteil einer Oldtimer-Zeitschrift gefunden zu haben. Als erste Regel gilt, sich zunächst einen Überblick über marktübliche Preise zu verschaffen. Dabei helfen Fachmagazine (z.B. *Oldtimer Markt*) oder jährlich erscheinende Markt-Führer (z.B. *Oldtimer Katalog*, HEEL Verlag). Wenn Sie dann noch die folgenden Ratschläge befolgen, werden Sie zumindest nicht bei der ersten Besichtigung eines Land Rover Ihrer Wahl enttäuscht sein.
Bevor Sie also eine lange Anreise in Kauf nehmen, sollten Sie sich einige wichtige Fragen überlegen, um diese Punkte bei einem Telefonat mit dem Anbieter zu klären.

Wo steht der Land Rover?

Wie bei jedem Autokauf sollte man auch auf der Suche nach einem Land Rover abwägen, ob sich 400, 500 Kilometer Anreise zu einer möglicherweise erfolglosen Besichtigung lohnen. Lieber zunächst ein paar Exemplare in der näheren Umgebung anschauen. Auf diese Weise lernt man erstens eine Menge mit wenig Zeiteinsatz, und zweitens ist ja vielleicht hier schon ein schönes Fahrzeug zu bekommen.

Händler oder Privatverkäufer?

Die Gesetzgebung – Stichwort Gewährleistung – hat dafür gesorgt, dass nur noch sehr wenige Klassiker bei anderen als auf diese Fahrzeugkategorie spezialisierten Händlern angeboten werden. Diese lassen sich ihr Risiko meist gut bezahlen. Trotzdem lohnt sich genau aus diesem Grund für den Käufer immer der Gang zu einem gewerblichen Händler. Beim Privatverkäufer – bei dem es weder Garantie noch Gewährleistung gibt – sollte nur vorstellig werden, wer ein Auto wirklich gut beurteilen kann. Aber: Ein privater Verkäufer hat neben dem meist geringeren Preis außerdem oft den Vorteil, dass er sich mit dem Lebenslauf des betreffenden Fahrzeugs besser auskennt.

Kosten der Überführung

Wer nicht das Glück hat, auf einen Anhänger bzw. ein Überführungskennzeichen zugreifen zu können, sollte sich bereits vor dem Kauf über die Kosten des Transports im Klaren sein. Wenn das Fahrzeug noch zugelassen ist und einen gültigen HU-Nachweis hat, kann man sich mit dem Verkäufer möglicherweise auf die Überführung vor der Abmeldung einigen. Oder man lässt sich die Papiere schicken und reist mit neuem Kennzeichen zum Abholtermin.

Besichtigung – wann und wo?

Soweit möglich, sollte ein Kaufkandidat immer bei Tageslicht und gutem Wetter begutachtet werden. Im Dunkeln oder im Regen übersieht man zu leicht kleinere Mängel. Sehr hilfreich ist, wenn zur Besichtigung eine Hebebühne aufgesucht werden kann.

Was ist der Grund für den Verkauf?

Ein Land Rover Serie 3 ist ein Liebhaberfahrzeug. Also muss die Frage gestellt werden, warum der jetzige Besitzer das Auto überhaupt verkauft. Eine wenig schlüssige Antwort auf diese Frage sollte ebenso misstrauisch machen, wie ein vom letzten Eintrag im Fahrzeugbrief abweichender Verkäufer. Wenn sich das noch feststellen lässt, kann auch die Anzahl der Vorbesitzer – und möglicherweise häufige Wechsel in letzter Zeit – ein Alarmsignal sein.

Allgemeiner Zustand

Kann der jetzige Besitzer noch etwas über den Zustand des Fahrzeuges sagen, was über den Anzeigentext hinausgeht? Hat er noch zusätzliche Fotos? Versuchen Sie außerdem, einige der in Kapitel 7 genannten Punkte schon vor der Besichtigung zu klären.

Original oder getunt?

Fahrzeuge im Originalzustand sind die gesuchtesten und teuersten. Wenn Vorbesitzer mehr oder weniger umfangreich in die Technik und die Optik eingegriffen haben, muss man sich die Frage stellen, ob man mit einem getunten Fahrzeug kein Problem hat. Dieser Punkt ist allerdings extrem kritisch, und das gleich aus mehreren Gründen. Sind die technischen Änderungen von einem Profi oder in Eigenarbeit durchgeführt worden? Lassen Sie sich dazu unbedingt Belege (z. B. Werkstattrechnungen) zeigen. Daran schließt sich die Frage an, ob alle technischen Änderungen in den Fahrzeugpapieren eingetragen sind. Ohne entsprechende Eintragungen kriegen Sie spätestens bei der nächsten Polizeikontrolle oder der nächsten HU ernsthafte Probleme.

Stimmen die Fahrzeugdaten?

Es sollte selbstverständlich sein, aber Kontrolle ist immer besser als Nachsicht. Nur die Fahrgestellnummer ist ein zuverlässiger Identitätsnachweis. Fragen Sie den Verkäufer vorab, ob der angebotene Land Rover frei von den Ansprüchen Dritter (z. B. einer Bank) ist. Überprüfen Sie im Zweifelsfall auch, ob das Auto legal verkauft wird. Mit Hilfe der Fahrgestellnummer kann über die Zulassungsstelle angefragt werden, ob das Fahrzeug eventuell als gestohlen gemeldet ist.

Bleifreies Benzin

Überprüfen Sie, ob der Land Rover bereits für die Verwendung von unverbleitem Sprit vorbereitet ist.

Das Thema Umweltplakette, mit der sich bekanntlich immer mehr Städte gegen Fahrzeuge mit hohen Abgaswerten abschotten, ist beim Land Rover Serie 3 nicht mehr besonders lange relevant. Auch die jüngsten Exemplare (also aus Baujahr 1985) werden spätestens im Jahr 2015 die Oldtimerkriterien erfüllen und somit Anspruch auf das begehrte H-Kennzeichen haben. Oldtimer, die ein H-Zulassungskennzeichen bzw. ein rotes „07"-er Kennzeichen führen, dürfen im Rahmen einer generellen Ausnahmegenehmigung Umweltzonen auch ohne Plaketten befahren.

Versicherung

Vergleichen Sie vorher unbedingt die Prämien unterschiedlicher Anbieter. Hilfreich ist, wenn Sie bereits ein zweites Fahrzeug mit günstigem Schadensrabatt besitzen. Möglicherweise erlaubt Ihre Versicherung, die Einstufungen zu tauschen oder auf einer niedrigeren Stufe einzusteigen.

Wie kann ich bezahlen?

Die meisten Privatverkäufer werden auf Barzahlung bestehen. Klären Sie deshalb vorab mi Ihrer Bank, wie Sie an mehrere tausend Euro Bargeld herankommen. Über den Geld-automaten geht das oft nicht, zumindest nicht innerhalb eines Tages. Ist der Verkäufe Händler, können Sie normalerweise bequem und sicher per Überweisung bezahlen. Vor sicht, wenn sich ein kommerzieller Händler darauf nicht einlassen will!

Kaufen auf einer Versteigerung?

Wenn Sie sich mit diesem Gedanken tragen, lesen Sie Kapitel 10 für entsprechende Tipps Wir müssen hoffentlich nicht darauf hinweisen, dass man ein Auto nicht im Internet er steigern sollte, wenn man es sich nicht vorher angeschaut hat.

Professionelle Überprüfung des Fahrzeuges

Wenn Sie selbst – oder ein Bekannter – nicht das Fachwissen haben, sollten Sie sich pro fessionellen Rat für die Besichtigung holen. Gegen eine Gebühr kontrollieren z. B. TÜ Dekra, ADAC oder auch eine beliebige Werkstatt jedes Auto.

6 Inspektionsausrüstung

- **Dieses Buch**
- **Lesebrille (falls Sie eine benötigen)**
- **Magnet (ein schwacher reicht aus)**
- **Taschenlampe**
- **Kleiner Schraubendreher**
- **Mechanikeroverall**
- **Spiegel mit verlängerter Halterung**
- **Digitalkamera**
- **Einen Freund, möglichst einen mit Fachwissen**

Bevor Sie sich auf den Weg zu einer Probefahrt machen, sollten Sie eine kleine Ausrüstung zusammenstellen, die bei der Besichtigung hilfreich sein wird. Haben Sie keine Scheu, den anvisierten Land Rover Serie 3 gründlich zu untersuchen. Der Verkäufer soll ruhig sehen, dass Sie vorbereitet sind.

Vielleicht das wichtigste Hilfsmittel ist dieses Buch und die darin enthaltenen Checklisten. Vergessen Sie auf keinen Fall Ihre Lesebrille, sofern Sie eine benötigen, um etwas aus nächster Nähe zu inspizieren.

Ein Magnet entlarvt jeden Blender, dessen Stahlkarosserie zu weiten Teilen aus Spachtel besteht. Nur wo blankes Blech unter dem Lack liegt, bleibt der Magnet haften. (Achtung! Beim Land Rover sind die meisten Karosserieteile aus Aluminium.) Dazu sollten Sie zunächst den jetzigen Besitzer nach reparierten Schäden fragen. Zumindest eine dünne Schicht Füllspachtel gehört nun einmal zu den meisten Karosseriereparaturen, auch einer professionellen. Das Fahrzeug sollte allerdings nur kleinflächige Spachtelungen aufweisen. Große Schäden werden vom Profi durch eingeschweißte Bleche behoben. Es spricht nichts gegen eine professionell ausgeführte Restaurierung. Allerdings sollte der Verkäufer mit offenen Karten spielen und diesen Umstand nicht verheimlichen.

Eine Taschenlampe bringt Licht in alle dunklen Bereiche eines Autos, und davon gibt's eine ganze Menge: Radhäuser, Fahrwerk, Unterboden, Motorraum und der Raum unter dem Armaturenbrett, um nur einige zu nennen.

Testen Sie mit einem kleinen Schraubenzieher – aber vorsichtig! – verdächtig aussehende Bereiche des Unterbodens und der Karosserie um die Radhäuser herum. Auf diese Weise lassen sich möglicherweise unter dem Unterbodenschutz verborgene Durchrostungen finden. Wenn der Verkäufer Sie von dieser Untersuchung abhalten will, sollten Sie die Besichtigung abbrechen. Mit hoher Wahrscheinlichkeit wird nämlich der Prüfer bei der nächsten HU genau auf diese Weise kritische Stellen kontrollieren.

Speziell wenn keine Möglichkeit besteht, das Auto auf eine Hebebühne zu fahren, sollten Sie sich darauf vorbereiten, sich auf den Boden zu legen. Nehmen Sie deshalb einen Mechanikeroverall mit, den Sie über die normale Kleidung ziehen können. Genau in diesem Fall ist auch ein kleiner Spiegel hilfreich, der entweder auf einer kleinen Teleskopstange oder am Ende eines Stocks befestigt ist. Mit seiner Hilfe können Sie unter dem Auto – oder im Motorraum – Bereiche von Fahrwerk und Auspuff kontrollieren, die vor einem Blick verborgen sind.
Fotografieren Sie Teile bzw. Fahrzeugkomponenten, bei denen Sie sich nicht sicher sind. So können Sie später in aller Ruhe in Büchern oder bei Experten zusätzlichen Rat einholen. Überhaupt ist es ratsam, einen Freund zur Probefahrt mitzunehmen, idealerweise einen mit Mechanikerkenntnissen. Eine zweite Meinung – die mangels eigenem Interesse vielleicht sogar objektiver ist als Ihre eigene – ist bei einem Autokauf nie schädlich.

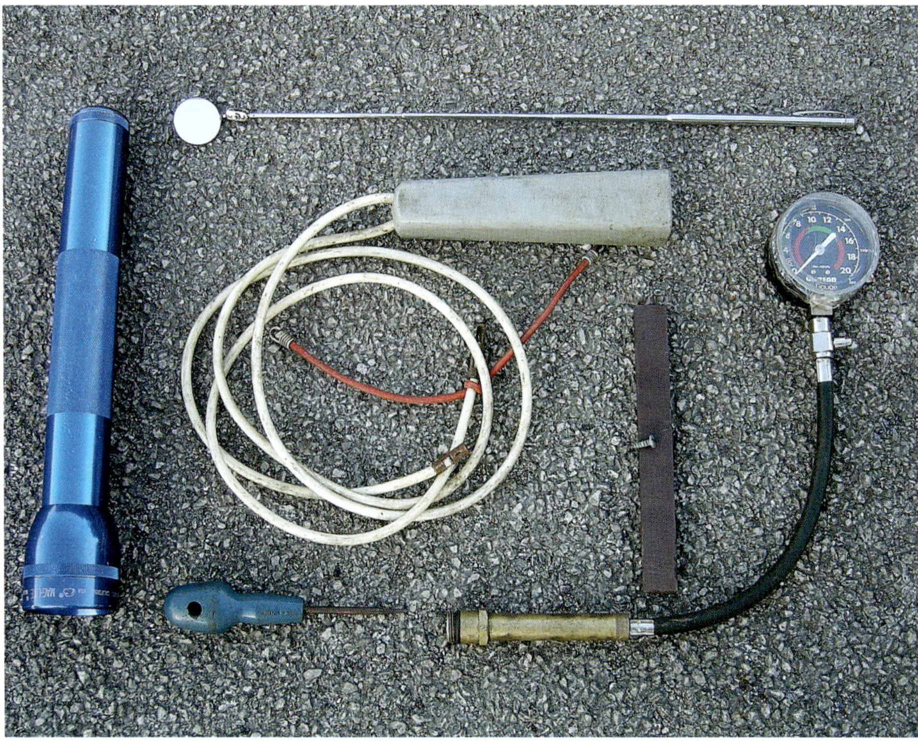

Gute Vorbereitung ist alles: Mit Taschenlampe, Spiegel und Schraubendreher kann man die meisten kritischen Bereiche gut inspizieren. Zündpistole und Kompressionsprüfer leisten ebenfalls wertvolle Dienste, auch wenn ein so ausführlicher Motortest wohl den zeitlichen Rahmen selbst einer intensiven Begutachtung sprengen wird.

7 15-Minuten-Prüfung

Der erste Eindruck

Konzentrieren Sie sich auf die Problemstellen, die Ihr Budget am meisten strapazieren würden. Fragen Sie den Verkäufer, wofür der Wagen bisher eingesetzt wurde. Es empfiehlt sich, sowohl vor als auch nach der Probefahrt den Motorraum genau zu inspizieren. Bei laufendem, aber noch weitgehend kaltem Motor schauen Sie nach undichten Wasserschläuchen und einem undichten Kühler. Achten Sie am besten jetzt auf einen rauchenden Auspuff und verschiedene Klappergeräusche. Ist auf dem Kühlwasser (Kühlwasserdeckel nicht bei heißem Motor öffnen!) ein Ölfilm zu erkennen, wäre auf einen Schaden an der Zylinderkopfdichtung zu schließen. Auch die Gegenprobe, am Ölmessstab bzw. am Ölnachfülldeckel nach weißlichen Ablagerungen zu schauen, ist aufschlussreich. Nach der Probefahrt werden Sie Flüssigkeitsverluste am besten erkennen. Entscheiden Sie selbst, welche wesentlich erscheinen und alsbaldige Reparatur erfordern. Der Motor sollte im Leerlauf ruhig sein, ohne langsames, tiefes Klopfgeräusch vom Kurbeltrieb oder helleres Klappern vom Zylinderkopf her. Ersteres deutet auf einen Lagerschaden an der Kurbelwelle, letzteres auf Verschleiß im Bereich des Ventiltriebs.

Wenn eine Tür nicht leicht schließt, kann man sie an den Scharnieren etwas nachstellen.

Lagerprobleme hört man am besten, wenn der Motor relativ langsam dreht. Hören Sie also genau hin, während Sie gegen die angezogene Handbremse einkuppeln, bis der Motor fast stehenbleibt.

Klappergeräusche hört man am besten mit einer hölzernen Stange oder Stab als Geräuschverstärker. Kommt das Geräusch demnach von vorn oben, so ist wahrscheinlich die Steuerkette die Ursache. Kommen Sie mit dem Stab nicht in die Nähe des Ventilators!

Beim schnellen Beschleunigen des Motors soll kein blaugrauer oder schwarzer Rauch entstehen. Ersteres deutet auf Verschleiß im Zylinder hin, wenn er nicht nur beim Anlassen oder beim Beschleunigen nach Schiebebetrieb auftritt. In letzterem Fall könnte beim Benziner die Ventilschaftdichtung schadhaft sein. Beim Diesel deutet schwarzer Rauch auf Reparaturbedarf an der Einspritzanlage hin. Bei Benzinern ist der Vergaser die Ursache (Einstellung oder Verschleiß). Heftiger weißer Auspuffrauch beim Diesel deutet auf fehlerhafte Verbrennung hin, möglicherweise saugt der Motor über die Kopfdichtung Kühlwasser an.

Anders als bei früheren Modellen sind die Schalter und Hebel einigermaßen günstig angeordnet.

Nach Einrasten des Vorderradantriebs (falls vorhanden) kann geprüft werden, ob dieser funktioniert oder die Vorderachse reparaturbedürftig ist.

Wenn Versicherungsschutz besteht, unternehmen Sie eine kurze Probefahrt.
Beim Anfahren achten Sie auf ein „Klonk"-Geräusch, das auf Verschleiß im Antriebsstrang schließen lässt. Die genaue Ursache des Geräuschs können Sie eventuell auch später noch ermitteln.
Sofern die Straßen- und Verkehrsverhältnisse es zulassen, machen Sie folgenden Test: Das Fahrzeug sollte geradeaus fahren, wenn man das Lenkrad leicht loslässt. Oft muss man etwas korrigieren, um das Auto in der Spur zu halten, aber dabei sollten Sie das Lenkrad nicht mehr als vier Finger breit drehen müssen. Das Lenkgestänge hat sechs Gelenke. Verschleiß in jedem einzigen davon beeinträchtigt das Lenkverhalten.
Das Fahrzeug sollte auch beim kräftigen Bremsen in der Spur bleiben. Manche Ausführungen haben Bremskraftverstärker, doch selbst dann ist das Bremspedal recht schwergängig. Frühe Exemplare hatten nur einen einzelnen Bremskreis, 1980 erhielt der 88er die leistungsfähigeren Vorderradbremsen des 109ers.

Bei einem so sauberen Motorraum lässt sich frischer Ölaustritt nach der Probefahrt leicht entdecken.

Schalten Sie jeden Gang und achten Sie insbesondere darauf, ob er sich leicht einlegen lässt oder im Schiebebetrieb herausspringt. Ist dies beim zweiten oder dritten Gang der Fall, so ist Verschleiß im Einrückmechanismus die Ursache.
Klappert das Getriebe im Schiebebetrieb, ist allgemeiner Verschleiß der Grund dafür. Erwarten Sie bei einem Land Rover dieses Alters kein völlig geräuschlos arbeitendes Getriebe, aber die Gangwechsel sollten weich erfolgen. Alle Gänge sind synchronisiert, dennoch muss man sich beim Schalten mehr Zeit lassen als bei modernen Fahrzeugen. Fehlt etwas Öl, kann das zu Getriebegeräuschen führen. Oft kann Öl durch eine Dichtung am Schaltgetriebe austreten und führt zur Überfüllung des Verteilergetriebes.
Prüfen Sie, ob der Rückwärtsgang funktioniert. Sie müssen ihn mit einigem Nachdruck einlegen.
Falls ein Overdrive vorhanden ist, probieren Sie ihn im dritten und vierten Gang aus, wenn die Verhältnisse es zulassen.
Suchen Sie sich eine unbefestigte Fläche, eventuell mit Splitt belegt, und probieren Sie hier den Allradantrieb aus. Er funktioniert, wenn auch die Vor-

V8-Power hat ihre Vorzüge, aber man muss den höheren Verbrauch, die teurere Wartung und die Ersatzteilkosten bedenken.

derräder beim ruckartigen Anfahren durchdrehen.
Beim Allradtest werden Sie auch feststellen, ob das hintere Differenzial durch eine autobahnfreundlichere Ausführung ersetzt wurde. Dann nämlich wird der Wagen sich aufbäumen wie ein Hengst und es droht Gefahr für die Halbwellen, wenn man dann nicht den Allradantrieb abstellt. Wird der Allradantrieb auf befestigtem Untergrund aktiviert, kann auch das die Antriebswellen zum Brechen bringen.
Bedenken Sie, dass der Kilometerstand durch Auswechseln des Tachos unzutreffend sein kann und dass Geländefahrten zu weit stärkerem Verschleiß führen als Straßenfahrten.

Die Alubleche der Karosserie korrodieren nicht, außer an den Befestigungspunkten an Fahrwerk oder anderen Eisenhalterungen.

Von außen

Suchen Sie Rost an den Ecken der Spritzwand, wo die vorderen oberen Türscharniere montiert sind. Hierfür gibt es Ersatzbleche zum Einschweißen. Ist die Spritzwand insgesamt rostig, ist der Austausch fast so teuer wie eine Erneuerung des Fahrwerksrahmens.
Ein sich leicht zur Fahrerseite neigendes Fahrzeug ist normal, besonders beim 88er. Die Federn auf dieser Seite werden durch das Gewicht von Fahrer und Tank stärker belastet als die auf der anderen Seite, so dass sie früher nachgeben.
Prüfen Sie die beiden Karosserieaufhängungspunkte am hinteren Rahmenquerträger, weil hier eine elektrolytisch veranlasste Korrosion zu erwarten ist.
Die Einsatzbedingungen eines Land Rover lassen Kratzer und kleine Dellen im Karosserieblech erwarten. Manch einer sieht dies als die üblichen Narben derben Einsatzes im Gelände an. Machen Sie sich klar, wie viele solche Schäden Sie akzeptieren wollen.

Motorraum

Ist der Motor original? Die 2286-ccm-Motoren (Benziner und Diesel) bis 1980 haben eine dreifach gelagerte Kurbelwelle und laufen bei hohen Geschwindigkeiten weniger ruhig und zuverlässig als die späteren Triebwerke mit fünf Hauptlagern. Der dreifach gelagerte Diesel neigt zu Kurbelwellenbrüchen durch hohe Drehzahl. Können Sie am Motorblock die Motornummer erkennen? Stimmt sie mit der in den Papieren angegebenen überein? Hat die Batterie im Offroad-Fahrbetrieb Säure verspritzt und konnte deshalb Korrosion im Batteriefach, an der Luftfilteraufhängung und den Fahrwerksteilen in diesem Bereich entstehen?

Wagenboden

Dank mindestens 20 Zentimeter Bodenfreiheit, an den meisten Stellen sogar deutlich mehr, brauchen Sie nur eine Decke o.ä. für den Boden bzw. einen Blaumann zum Schutz Ihrer Kleidung, um den Wagen von unten zu inspizieren.

Man kann Außenspiegel vom Land Rover Defender an den Türscharnieren aufhängen, um den Sichtbereich zu verbessern.

Die hinteren Blattfederschwingen sollten ca. im 45-Grad-Winkel hängen, nicht wie hier wegen nachlassender Federkraft fast waagerecht.

Parabolische Federblätter verbessern den Fahrkomfort, verringern aber die zulässige Zuladung.

Untersuchen Sie zunächst den Fahrwerksrahmen bis hinter jedes einzelne Rad, wo sich Schmutz und Steine sammeln. Eine Taschenlampe ist dabei hilfreich. Vergessen Sie nicht, die Oberseiten der Rahmenträger abzutasten. Wenn Sie mit der Klinge eines Schraubendrehers gegen die Träger schlagen, sollte ein heller Metallklang auf rostfreies Blech schließen lassen, während ein gedämpftes Geräusch eindeutiger Hinweis auf Rost ist. Die Rahmenträger rosten meist von innen her, wo der Schaden lange unentdeckt bleibt. Die Ausleger und der hintere Querträger sind oft die ersten Opfer des Rosts. Suchen Sie dort besonders nach Schweißnähten von eventuellen Reparaturen. Die Ausleger sind als Ersatzteile erhältlich. Schweißnähte sollten sauber und in gleichmäßiger Materialstärke sorgfältig ausgeführt aussehen. Vorsicht bei dick mit Unterbodenschutz beschichtetem Chassis. Hier kratzt man am besten mit dem Schraubendreher. Aufgeschweißte Blechstücke verbergen oft verrottete Abschnitte, die der TÜV-Prüfer nicht schätzt.
Sind die Bleche hinter den Bremsen fleckig? Hier könnte Bremsflüssigkeit ausgetreten sein (Bremszylinder) oder Schmieröl (Radnabe). Schauen Sie auch nach Ölverlusten an den Schwenklagern der Vorderradaufhängung. Öl am Deckel der Getriebebremse lässt auf eine schadhafte Öldichtung dahinter schließen. Ölaustritt vorn an Motor und Schwungradgehäuse zu beheben wird viel Zeit und Geld kosten. Erwarten Sie etwas Öl unten an Getriebe- und Motorölwanne.

Innenraum

Heben Sie die Bodenbeläge an und suchen Sie nach Rost an Ecken und Kanten sowie den Unterkanten der Türsäulen. Ersatzbleche sind für Fußboden und Türsäulen erhältlich.
Wenn der Zustand der Sitze Sie nicht zufriedenstellt, so sollte dies Ihre Kaufentscheidung nicht beeinflussen. Sie lassen sich leicht durch die County-Ausführung ersetzen.

Elektrik

Hat der Wagen einen neuen Kabelbaum bekommen? Falls ja, ist das definitiv ein Pluspunkt. Die originalen Kugelstecker verwittern, korrodieren und rütteln sich los, vorzugsweise bei der Nachtfahrt im Regen. Eine detaillierte Prüfung würde zu viel Zeit kosten, aber ein Blick auf den Zustand der Verkabelung im Motorraum zeigt deutlich, wie sehr oder wenig sich der Vorbesitzer um diesen wichtigen Punkt gekümmert hat. Ist der Kabelbaum noch original, könnte bald Ersatz nötig sein.

Prüfen Sie, ob der Scheibenwischermotor ausreichend stark ist, und zwar bei laufendem Motor, weil Spannungsabfälle ihn beeinträchtigen können. Befeuchten Sie die Scheibe mit dem Scheibenwascher, um die Wirkung der Scheibenwischer zu testen.
Abgesehen von den Originalitätsfetischisten, ist das Vorhandensein einer kontaktlosen Zündung ein wichtiger Pluspunkt. Hierzu gibt es verschiedene Umbaumöglichkeiten. Ich erinnere mich an einen Kameraden, der nicht fassen konnte, dass mein so verbesserter Landy nach drei Tagen Parken auf einem regnerischen Zeltplatz sofort ansprang und mit einem sauberen Leerlauf begeisterte.

Papiere

Beachten Sie, dass problematische Fahrzeuge oft schnell weiterverkauft werden. Warum soll dieses Fahrzeug verkauft werden? Wenn Sie das Fahrzeug nach der ersten Besichtigung noch interessiert, überprüfen Sie die Fahrzeugzulassung. Die Angaben in den Papieren sollten dem Fahrzeug entsprechen (einschließlich Motor- und Fahrgestellnummer). Wenn Sie den Wagen nicht an dem Wohnort des Besitzers vorgeführt bekommen, klären Sie den Grund dafür. In Deutschland ist der Fahrzeugbrief bzw. die Zulassungsbescheinigung Teil II der Eigentumsnachweis.
Die Fahrgestellnummer ist meist rechts in der Nähe der vorderen Federaufhängung in den Fahrwerksrahmen eingeschlagen. Ein verzinktes Chassis wird keine Nummer haben, ebenso wenig der verzinkte Bereich für die vordere Federaufhängung – es sei denn, ein früherer Besitzer hat die Nummer dort einschlagen lassen. Ein Typschild mit der Fahrgestellnummer sollte sich an der Spritzwand befinden.

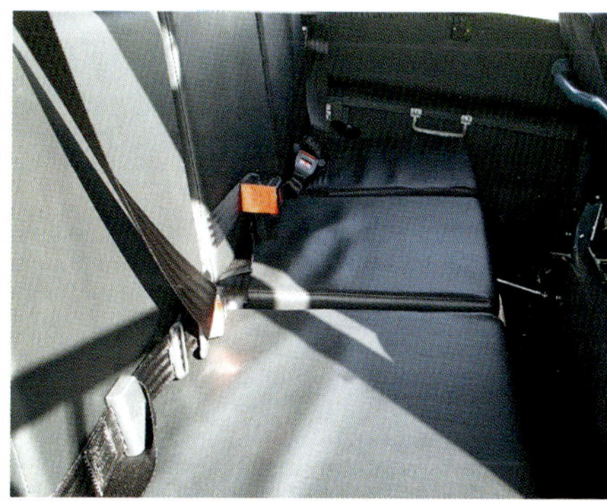

Ersatz für Sitze und Kunststoff-Sitzbezüge in Originalqualität ist für den Land Rover Serie 3 leicht zu beschaffen.

Bei wesentlichen Veränderungen prüfen Sie, ob diese in die Zulassungspapiere eingetragen sind und ob sie evtl. der Erteilung eines H-Kennzeichens entgegenstehen. Achten Sie also darauf, dass es bei der Zulassung des Wagens nicht zu Schwierigkeiten kommen wird.

Soll man sich näher mit dem Fahrzeug beschäftigen?

Entspricht die Farbe Ihren Erwartungen, können Sie sich damit anfreunden?
Ist der Zustand der Lackierung in Ihren Augen akzeptabel?
Können Sie die gefundenen Mängel abstellen oder brauchen Sie dazu eine zweite Meinung?
Sind die wichtigsten mechanischen Bauteile in Ordnung?
Sind festgestellte Mängel beim geforderten Preis berücksichtigt?
Bevor Sie eine vorschnelle Entscheidung treffen, die Sie später möglicherweise bereuen, sollten Sie sich eventuell an einen Markenexperten wenden.

8 Problemstellen

Problemstellen sind Mängel, die zu reparieren besonders viel Geld kosten würden. Bei allen Modellen betrifft dies das Fahrwerk, die Spritzwand, den Motor und das Getriebe. Reparaturen an diesen Bauteilen können schnell den Kaufpreis des Fahrzeugs übersteigen. Wenn Sie alle Arbeiten selbst ausführen, wird das Zeit kosten. Außerdem müssen Sie Kosten für Spezialwerkzeug und Hebevorrichtungen einplanen. Mancherorts kann man diese mieten. Im Ausland ist der Arbeitslohn niedriger, aber dann muss man die Ersatzteile noch importieren.

In den Rahmenlängsträger gelangtes Wasser lässt diesen von innen rosten. Die von der Blattfeder ausgehenden Kräfte beschleunigen die Korrosion weiter. Dieses Fahrzeug ist nicht mehr verkehrstauglich.

Die Rahmenausleger hinter den Rädern sind besonders rostanfällig. Da sie die Karosserie tragen, ist ihr Zustand wichtig.

Die Fahrwerksteile rosten oft von innen her und der Rost wird zuerst an den Unterkanten sichtbar, so wie hier.

Das vorderste Bodenblech und die vorderen Türsäulen sind Teil der Spritzwand. Sie rosten meist an den tiefsten Punkten. Entfernen Sie die Bodenbeläge, um diese Bereiche sorgfältig zu inspizieren.

Die Ecke der Spritzwand vor dem Türscharnier ist rostempfindlich, Ersatzbleche sind erhältlich. Prüfen Sie mit einem Magneten, ob hier nicht gespachtelt wurde.

Alubleche können überall dort korrodieren, wo sie mit Stahlteilen des Fahrwerksrahmens in Berührung stehen.

Wenn der hintere Querträger in Schlamm gehüllt ist, kratzen Sie diesen weg, um den Bereich zu inspizieren. Der Träger ist sehr rostempfindlich.

Die Federblätter sollten in voller Länge genau parallel verlaufen. Hier drücken sie sich stellenweise ab, was auf eine Schwächung und das Risiko des Federbruchs hindeutet.

9 Realistische Bewertung

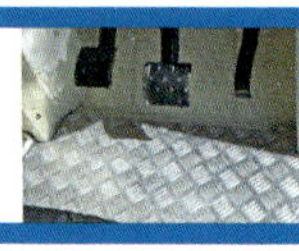

Vergeben Sie in den entsprechenden Kategorien je nach Zustand die entsprechende Punktzahl (1–4), während Sie den Wagen untersuchen. Dabei bedeutet:
++(4 Punkte) perfekter Zustand
+ (3 Punkte) nahezu perfekter Zustand
o (2 Punkte) restaurierungs- bzw. reparaturbedürftiger Zustand
– (1 Punkt) schwere Mängel

Die Auswertung der Gesamtpunktzahl wird am Ende des Kapitels erklärt.

Seien Sie bei der Beurteilung realistisch! Die Abfolge der Inspektion ist zeitsparend angelegt, und zwar in folgender Reihenfolge: Prüfung von außen, von unten (von vorn nach hinten), im Motorraum, im Innenraum, schließlich Probefahrt und nachfolgende Inspektion. Findet die Besichtigung in einer Werkstatt statt, so fragen Sie, ob Sie eine Rampe oder Hebebühne benutzen dürfen.

Wer eine professionelle Lackierung verlangt, wird entsprechend hohe Kosten für die Vorbereitung der Karosserie einkalkulieren müssen.

Fluchten die Karosserielinien und die angefügten Leisten? Schlechte Passform kann Folge unsauberer Montage oder eines verrotteten Auslegers sein.

Lackierung

++ 4 | + 3 | o 2 | – 1

Wenn Sie mit Ihrem Land Rover auf Ausstellungen glänzen wollen, müssen Sie auf eine gute Lackierung in zeitgenössischem Farbton achten. Andererseits wäre für ein „Arbeitstier" eine mit dem Pinsel ausgebesserte Lackierung völlig ausreichend. Vermutlich liegen Ihre Vorstellungen irgendwo zwischen diesen beiden Extremen. Entscheiden Sie, welche Lackqualität Ihnen und dem Einsatzzweck angemessen erscheint und bewerten Sie danach. Eine sorgfältige Lackierung wird lange Freude bereiten und kann schon deswegen eine gute Investition sein. Wenn Sie selbst lackieren wollen, erhalten Sie modell- und baujahres-spezifische Lacke. Für die Lackierarbeiten benötigen Sie eine übergroße Garage mit Entlüftungssystem. Besser ist natürlich eine Lackierkammer. Viele normale Land Rover wurden nachträglich auf County-Standard gebracht, einschließlich der seitlichen Zierstreifen. Der echte County war nur in Russet-Braun und Masai-Rot erhältlich, die oberen Karosserieteile waren beige. Apropos Lackierung: Achten Sie auf unterschiedliche Farbschattierungen, sie könnten auf Unfallreparaturen hindeuten. Bewerten Sie den Zustand der Lackierung.

Karosseriebleche

++ 4 | + 3 | o 2 | – 1

Bei einem alten Land Rover werden Sie zwar eher mit beträchtlichen Kratzern und Beulen zu rechnen haben als

mit Rostbefall. Aber trotzdem gibt es einiges zu beachten. Die Alubleche sind weniger stabil als die übrigen Karosseriebleche. Diese hängen an Stahlhalterungen, die allerdings auch gerne rosten. Manche Bleche sind nicht mehr leicht zu beschaffen, für manche sind Nachfertigungen aus Kunststoff erhältlich.
Einige Alubleche sind mit Stahlschrauben befestigt. Die beiden unterschiedlichen Metalle reagieren chemisch miteinander, an diesen Stellen ist deshalb mit Korrosion zu rechnen. Daher kann beispielsweise ein Kotflügel den Eindruck machen, er sei nicht richtig fest, weil er auf schlechter Strecke klappert.
Der Trick mit dem Magneten zum Auffinden von Spachtel funktioniert bei den nicht magnetischen Alublechen nicht. Oft ist mit dem Spachtel kein Rostloch zugedeckt, sondern er erspart die Mühsal einer ordentlichen Reparatur verbeulten Blechs. Die Alulegierung für das Blech kann nämlich rasch spröde werden. Bewerten Sie den allgemeinen Zustand der Bleche.

Geriffelte Karosseriebleche dienen dem Karosserieschutz und der Optik. Werden sie wieder entfernt, so bleiben Löcher von den Befestigungsschrauben zurück!

Vordere Kotflügel

++	+	o	–
4	3	2	1

Normalerweise kein gefährdeter Bereich. Suchen Sie nach Rost in den Scheinwerfertöpfen, weil sie dem Spritzwasser ausgesetzt sind. Ersatz aus Kunststoff vermeidet dieses Problem. Ist vorn eine Winde montiert, so prüfen Sie den Zustand ihrer Verankerung.
Bewerten Sie den Zustand des Schmutzschilds am Kotflügel, die Befestigung der Kotflügel an der Spritzwand und den Rostbefall des Kühlerrahmens.

Kotflügelverbreiterungen können nachgerüstet werden, damit breitere Reifen den nötigen Platz finden.

Räder

++	+	o	–
4	3	2	1

Ist das Fahrzeug sicher aufgebockt, so rütteln Sie an jedem Rad. Spürbares Spiel verrät verschlissene Radlager oder vorn auch verschlissene Aufhängungen der Achsschenkel. Der Austausch der Radlager kostet viel Zeit, allerdings sind sie preiswert. Man kann sie ohne Spezialwerkzeug wechseln, jedoch ist ein Radnaben-Steckschlüssel sehr nützlich.
Wenn originale Stahlräder montiert sind, suchen Sie nach Rost im Bereich der gerillten Vertiefung in der Mitte und prüfen Sie bei Alufelgen, ob diese irgendwo Risse aufweisen.
Prüfen Sie am Reserverad die Flansche für die Radbolzen, die gern kräftig rosten. Gehen Sie davon aus, dass die anderen vier auch nicht besser sind.

Rostige Felgen können im Extremfall so geschwächt sein, dass ihre Tragfähigkeit nicht mehr ganz ausreicht, besonders an den Nähten und rund um die Radbolzen.

Das Schlauchventil hat einen eigenen Schutz gegen Beschädigungen durch die Felge. Prüfen Sie die Ventile genau.

Reifen

++ + o –
4 3 2 1

235/70R16 und 235/85R16 sind sowohl für den 88er als auch für den 109er groß genug und sparen Kraftstoff. Grobes Profil verbessert den Grip im Gelände, reduziert jedoch den Fahrkomfort, verschlechtert auch den Verbrauch und macht die Lenkung schwergängiger. Ein Satz neue Reifen ist recht kostspielig. Es dürfen auf einer Achse nur Reifen derselben Marke und desselben Typs montiert sein.
Sind die Reifen für Ihre Einsatzzwecke sinnvoll und wie alt sind sie?
Ist die Profiltiefe noch zulässig und weisen die Reifenflanken keine Beschädigungen auf?

Im Zubehörhandel gibt es viele verschiedene Felgen, manche auch für schlauchlose Reifen.

Gepflegte Felgen und Reifen sind ein Vorteil, offensichtlich hat sich dieser Besitzer sehr um sein Fahrzeug gekümmert.

Windschutzscheibe

In tropischem Klima ist die Möglichkeit, sie herunterzuklappen, sicher hilfreich. Gewöhnlich sind die Scharniere aber schon seit Jahren festgerostet. Bewerten Sie, ob die Scheibe sich vorklappen lässt und ob im Sichtbereich des Fahrers das Glas beschädigt ist.

Spaltmaße der Türen

++ + o –
4 3 2 1

Oft kommt Zugluft durch die Türschlitze, was in kühlen Breitengraden durchaus unangenehm werden kann.
Schauen Sie sich an der geschlossenen Tür den hinteren Türausschnitt an: Ist das Spaltmaß von oben bis unten gleich groß? Steht der Fensterrahmen stärker ab als das untere Türteil? Das würde Rost zwischen dem oberen und dem damit verschraubten unteren Teil der Tür anzeigen. Besonders die hinteren Türen des 109ers sind hier rostanfällig. Ist ein Reserverad an eine der Hecktüren montiert, so kann dessen Gewicht diese mit der Zeit verziehen.

Eine so verzogene Tür wieder dicht gegen Zugluft zu bekommen ist schwierig.

Türen

++ + o –
4 3 2 1

Auch die Türblätter sind aus „Brimabright"-Alublech und korrodieren nur an den Stellen, wo sie mit dem Stahlrahmen in Berührung kommen. Die inneren Rahmen und Türsäulen sind aus Stahlblech und rosten von dort aus. Ist die Verkleidung entfernt, so können Sie diese Rahmen inspizieren.
In den Fensterschächten kann sich Wasser sammeln und die Korrosion fördern. Dieser Rost setzt sich unten an den Türrahmen fort. Ersatz-Schächte und komplette Tür-

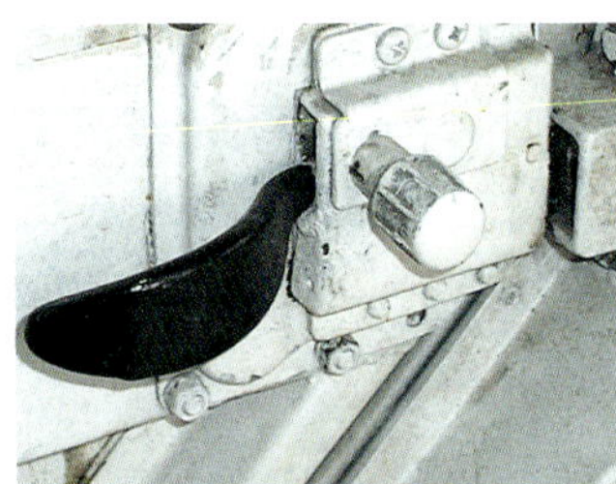

Die Türen können auf holprigem Untergrund aufspringen, wenn die Schlösser nicht gut geschmiert und eingestellt sind.

Wenn der Türrahmen rostig ist, verbiegt sich das Oberteil und Regen kann ungehindert eindringen.

oberteile sind erhältlich. Wichtig ist, die Wasserabläufe unter den Fenstern frei zu halten.
Inspizieren Sie die Oberfläche der Schließbleche, besonders am Übergang zwischen unterem und oberem Teil der Tür.
Versuchen Sie, die halboffene Tür anzuheben, um Spiel im Türscharnier aufzuspüren.
Tasten Sie die Türunterkanten auf Rost ab. Weißes Puder verrät die Kontaktkorrosion zwischen dem Alu-Türblatt und dem Stahl-Türrahmen.

Türverkleidungen

++	+	o	–
4	3	2	1

Ersatz ist erhältlich, sogar in originaler Ausführung in grauem „Elefantenleder". Viele Land Rover Serie 3 verzichten auf die Türverkleidungen – in diesem Fall inspizieren Sie die Türrahmen genau.
Prüfen Sie den Zustand der Innenausstattung, besonders unten, wo durch die Tür eindringendes Wasser Schaden angerichtet haben könnte.

Türrahmenstücke können auf Maß zugeschnitten und eingeschweißt werden.

Schließzylinder kann man erforderlichenfalls erneuern, ohne das ganze Schloss austauschen zu müssen.

Die Türscharniere sind stabil und robust ausgeführt. Bei Verschleiß muss man sie jedoch ersetzen.

Türschweller

++	+	o	–
4	3	2	1

Die durch Verkleidungen verdeckten Türschweller neigen zum Rosten, besonders an den Enden. Bei den Viertürern prüfen Sie auch die Basis der B-Säule. Ersatz ist erhältlich, das Einschweißen ist jedoch zeitaufwändig. Bewerten Sie den allgemeinen Zustand.

Karosserieaufnahmepunkte

++	+	o	–
4	3	2	1

Diese kann man sehen, ohne unter den Wagen zu kriechen. Man wird hier wahrscheinlich Korrosion vorfinden. Die sollte sich aber in Grenzen halten und auf den unmittelbaren Berührungspunkt zwischen Karosserie und Fahrwerksrahmen beschränken. Durch Zwischenlagen aus anderen Materialien hat Rover der Kontaktkorrosion entgegengewirkt.
Inspizieren Sie die Karosserie, wo sie an den hinteren Rahmenquerträger geschraubt ist und beim 109er außerdem dort, wo die Karosseriemitte am Fahrwerksausleger montiert ist.

Durch Kontaktkorrosion geschädigter Alu-Wagenboden: Die Reparatur wurde mit einem Alu-Winkelstück bewerkstelligt.

Türsäulen

++ + o –
4 3 2 1

Innen stehendes Wasser lässt diese Kanäle von innen her an den unteren Enden verrotten (Foto: siehe Kapitel 8). Ersatzbleche zum Einschweißen sind verfügbar.
Inspizieren Sie die Bereiche um die Türscharniere sowie den zurückspringenden Teil der Säule auf der linken Seite beim geschlossenen 109er.

Fahrzeugboden

++ + o –
4 3 2 1

Bei dicken, verschraubten Alu-Bodenblechen prüfen Sie

- die Bereiche um alle diese Schrauben auf Korrosion am Alublech oder den umgebenden Stahlflächen,
- die waagerechten Alukanten an der Sitzschiene auf Korrosion durch Gewichtsbelastung und Kontakt mit Eisenschrauben,
- die Fußräume vorn auf Korrosion, besonders an den Nähten und den Schraubpunkten, sowie
- die unteren Kanten des Getriebetunnels aus Stahlblech.

Schauen Sie unter jedem Bodenbelag nach Rost.

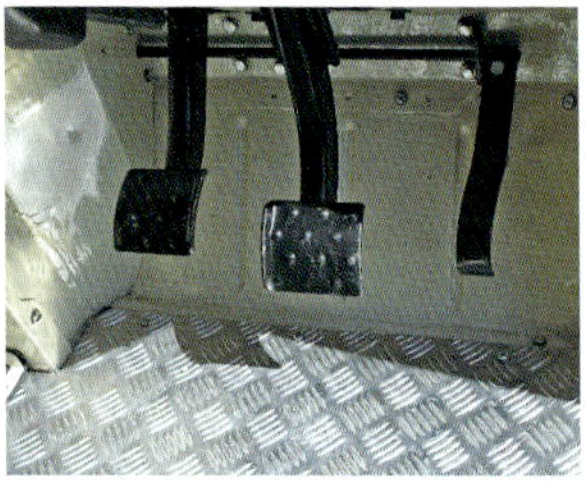

Schadhafte Bodenbleche werden gern durch geriffelte Alu-Bleche wie diese ersetzt.

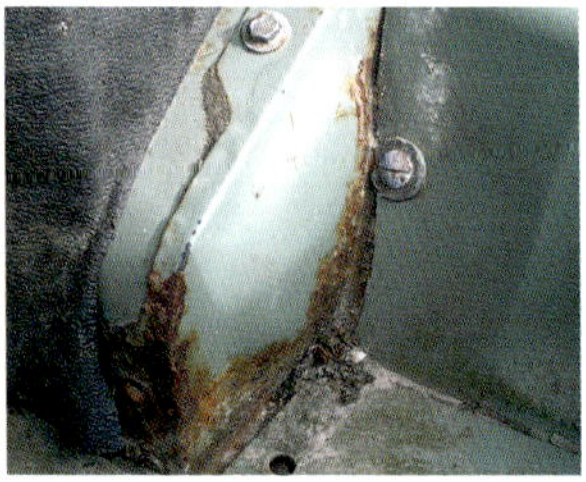

Rost am Getriebetunnel kann sich unter dem Teppich verstecken.

Getriebetunnel rosten gern, aber Ersatzbleche sind leicht erhältlich und rasch eingebaut.

Spritzwand und Armaturentafel

Bei kräftigem Rostbefall vom Kauf Abstand nehmen, es sei denn, Sie haben ohnehin eine Totalrestaurierung geplant und das Fahrzeug ist wirklich billig. Ersatzbleche für Fußraum, vordere Türsäulen und Windschutzscheibenecken zum Einschweißen sind einbaufertig verfügbar. Ansonsten bleibt nur die Nachfertigung aus Blech oder der Erwerb einer teuren Komplett-Spritzwand.
Überprüfen Sie:

++ + o –
4 3 2 1

- den oberen Fußraumbereich (bisher wurde er ausgelassen),
- innen den Bereich zwischen Windschutzscheibe und A-Säule auf beiden Seiten,
- den Bereich direkt unter der Windschutzscheibe (schwer zu reparieren) und
- die Außenecken unter der Windschutzscheibe, ebenfalls auf beiden Seiten.

Inspektion der Fahrzeugunterseite

++ + o –
4 3 2 1

Dank der großen Bodenfreiheit muss der Landy dafür nicht angehoben werden. Gehen Sie zuerst um das Fahrzeug und schauen Sie, ob es nach einer Seite oder einem Ende „hängt“ – ein Indiz für geschwächte Blattfedern. Bedenken Sie, dass das Fahrzeug im Geländeeinsatz bewegt worden sein kann. Schauen Sie deshalb unten nach Kollisionsspuren.

Fahrwerk

++ + o –
4 3 2 1

Der für den Land Rover Serie 3 verwendete Stahl war oft von schlechterer Qualität als bei älteren Modellen. Suchen Sie also gründlich nach Rost. Wenn das Originalchassis eingebaut ist, suchen Sie die eingeschlagene Fahrgestellnummer (meist rechts vorn am Längsträger). Notieren Sie alle lesbaren Ziffern. Ein verzinktes Ersatz-Chassis ist ein bedeutendes Plus. Klopfen Sie mit der Klinge eines kleinen Schraubendrehers gegen die Fahrwerksträger, und hören Sie, ob es metallisch-hell klingt oder rostig-dumpf. Auch die innere Korrosion können Sie so erahnen. Meist setzt der Rost innen ein, wo sich die Feuchtigkeit länger halten kann. Bestimmt werden Sie einige Reparaturen am Chassis vorfinden.

Selbst bei Tageslicht ist eine Taschenlampe bei der Inspektion sehr hilfreich.

Ein mittelgroßes altes Teppichstück hilft, die Kleidung bei der Unterbodenbesichtigung zu schützen, ein Overall ist dennoch empfehlenswert.

In den siebziger Jahren wurden in England viele Land Rover auf Schraubenfedern umgerüstet. Dafür gab es fertig vorbereitete Kits.

Vom Geländefahrbetrieb werden die Längs- und Querträger Beulen oder gar noch heftigere Beschädigungen davon getragen haben. Achten Sie auf lose verlegte oder durchhängende Bremsleitungen, weil sie leicht rissig werden. Wenn die Wasserabläufe der Fahrwerksteile verstopft sind, wird es innen rosten.

Überprüfen Sie auf jeder Seite des Fahrzeugs (Bilder siehe Kapitel 8):

- die Vorderenden der Längsträger
- die hinteren Federschwingen (besonders beim 109er)
- die Qualität der sichtbaren Reparaturarbeiten (z.B. aufgeschweißte Blechstücke)
- Ausleger
- die tiefsten Teile des Fahrwerksrahmens
- die Seiten und Oberseiten im Bereich der Räder, besonders bei den Anschlaggummis für die Radaufhängung
- die hinteren Querträger und angrenzende Schienen (besonders beim 88er), sehr wichtig, wenn der Einsatz als Zugfahrzeug vorgesehen ist

Vorderachse

++ + o –
4 3 2 1

Rostige Blattfedern beeinträchtigen den Fahrkomfort. Am stärksten wird der Rost an den Enden jedes Blattes sein, die Feder kann im Extremfall brechen. Ein dünner Ölfilm zwischen den Federblättern senkt Reibung und Korrosion, er verrät den umsichtigen Vorbesitzer. Stoßdämpfer- und Federbuchsen aus Gummi werden mit der Zeit hart, besonders bei heißem Klima.

Der Schutz der Antriebsgelenke durch Ledertüllen ist ein Vorteil.

Die nur beim 109er serienmäßige Salisbury-Hinterachse ist robuster als das sonst verwendete Rover-Differenzial.

Die Gehäuseglocken der Kugelgelenke sind teuer zu ersetzen, ihr Einbau kostet viel Zeit. Bei pickliger Oberfläche werden sie undicht.

Die hinteren Federschwingen der Vorderachse sollten fast senkrecht stehen, die Federblätter alle genau parallel verlaufen, nicht sich voneinander wegdrücken.

Flecken von Öl oder Bremsflüssigkeit unten auf der Bremsabdeckung verraten eine schadhafte Dichtung oder einen undichten Bremszylinder.

Wenn die Gummitüllen an den äußeren Enden der vorderen Antriebswellen fehlen, sollte die Oberfläche des kugelförmigen Endstücks eben und nicht mit Pickeln versehen sein. Es sollte durch die große Dichtung kein Öl austreten. Es verrät sich, wenn es die Schrauben unten am Gelenk erreicht. Sand und Schmutz greifen die Chromoberfläche an. Undichte Naben lassen sich mit einer Füllung passenden Schmierfetts abdichten.

Ölundichtigkeiten

++ + o –
4 3 2 1

Oft befindet sich außen an der Ölwanne irgendwo ausgetretenes Öl. Am besten wischen Sie nach der Inspektion die Stelle sauber und schauen nach der Testfahrt noch einmal dort nach.Ölleckagen können auch durch den Geländeeinsatz verursacht sein. Folgende Ölundichtigkeiten sind schwierig und recht treuer in der Reparatur:

- hinter dem Kurbelwellen-Schwungrad vorn am Motor
- von der hinteren unteren Oberfläche des Zylinderkopfs
- wo die vordere Antriebswelle das Differenzialgehäuse verlässt

Lenkung

++ + o –
4 3 2 1

Lenkspiel prüfen: Hierfür müssen Sie sich unter das Fahrzeug legen. Lassen Sie jemand bei auf dem Boden stehendem Wagen das Lenkrad so weit drehen, dass sich die Räder selbst noch nicht bewegen (unnötige Belastung der Lenkanlage). Lassen Sie das Prozedere so lange wiederholen, bis Sie folgende Punkte geprüft haben:

- Zwischen dem Gehäuse am Ende der Antriebswellen und dem Lenkhebel darf dort, wo die beiden miteinander verschraubt sind, keinerlei Spiel auftreten.
- In keinem der sechs Kugelgelenke des Lenkgestänges darf Spiel auftreten.
- Es darf kein Öl unten aus der Lenkung austreten.

Ein Lenkungsdämpfer ist von Vorteil. Schüttelt die Lenkung nach Durchfahren eines Schlaglochs dennoch, ist sein Stoßdämpfer defekt.

Öl am Stoßdämpfer könnte auch von einem undichten Antriebsgelenk stammen.

Stoßdämpfer

++ + o –
4 3 2 1

Man kann sie im Fahrzeug nur schlecht testen, sondern lediglich bei einer Sichtprüfung kontrollieren, ob Ölaustritt feststellbar ist. Finden Sie außen am Stoßdämpfer Öl, so stellen Sie sicher, dass es nicht nur von der Antriebswelle dorthin geschleudert wurde.

++ + o –
4 3 2 1

Getriebe

Suchen Sie an folgenden Stellen nach Ölaustritt:

• Ausschwitzendes Öl an der Entlüftung des Schwungradgehäuses ist häufig festzustellen, hier deuten sich baldige Probleme mit der hinteren Kurbelwellendichtung an (sehr arbeitsintensive und damit teure Reparatur).

• Öl unten am Getriebegehäuse stammt normalerweise von der Einfüllöffnung, deren Korkdichtung nicht besonders wirkungsvoll ist.

• Öl an der Verbindung zwischen der vorderen Kardanwelle und dem Getriebe wird an der Dichtung des Wellenausgangs vorbeigekommen sein.

• Ölflecke an der Bremstrommel der Kraftübertragung deuten auf eine schadhafte Dichtung am Ausgang für die hintere Kardanwelle hin, außerdem kann Öl an die Bremsbeläge gelangen. Diese Dichtung zu ersetzen ist ebenfalls sehr aufwändig.

An verschlissenen Kreuzgelenken lässt sich mit Hilfe eines zwischen Kreuz und Gabel gesteckten Schraubendrehers eventuell vorhandenes Spiel feststellen.

++ + o –
4 3 2 1

Kardanwellen

Wenn die Freilaufnaben eingerückt sind, sollte die vordere Kardanwelle maximal eine Viertel Umdrehung „toten Gang" haben.

Führen Sie die gleiche Prüfung bei gelöster Handbremse und blockierten Hinterrädern durch. Kann die Welle um mehr als eine Viertel Umdrehung gedreht werden, so ist Verschleiß in der Kraftübertragung (meist dem Differenzial) die Ursache. Die Reparatur ist kostspielig.

Die zivile Ausführung des Land Rover hatte serienmäßig Blattfedern.

++ + o –
4 3 2 1

Hinterachse

Gegen gerade, nicht nach unten durchgebogene Blattfedern ist nichts einzuwenden. Gürtelreifen rundum und parabolische Blattfedern verbessern den Komfort, besonders beim 88er, diese Federn mindern jedoch die Ladekapazität.

Prüfen Sie an jedem Ende der Achse Folgendes:

Die Federschwinge sollte etwa im 45-Grad-Winkel stehen, die Blattfedern sollten alle gleich dick sein und genau parallel liegen, nicht sich stellenweise voneinander wegdrücken.

Spuren von Öl oder Bremsflüssigkeit auf der Abdeckung der Bremse deuten auf eine schadhafte Dichtung oder einen undichten Bremszylinder.

++ + o –
4 3 2 1

Auspuffanlage

Risse an den Flanschen des Krümmers bedeuten in der Regel die Neuanschaffung eines teuren Ersatzteils.

Prüfen Sie die komplette Anlage auf Rost und gute, beweg-

Anschlüsse für die Abgasreinigung sollten dicht sein, besonders in Ländern, in denen die Abgaswerte der Land Rover geprüft werden.

liche Halterungen. Bewerten Sie ausschließlich Edelstahlanlagen mit der höchsten Punktzahl.
Betrachten Sie die Innenseiten des Endrohrs. Bei schwarzen, pudrigen Ablagerungen ist das Gemisch zu fett eingestellt, dunkelgrau-schmierige Ablagerungen deuten auf Motorverschleiß. Im Idealfall sollte die Ablagerung hellgrau sein.

Mehrere Unternehmen bieten die Umrüstung auf Gasbetrieb an. Dabei unbedingt auf die Abnahmeprotokolle achten.

Kraftstoffbehälter

++ + o –
4 3 2 1

Der Tank kann durch eingetretenes Wasser oder Kondensat von innen rosten. Geländefahrten bei verschlissenen Gummi-Tankhalterungen erzeugen zusätzliche Belastungen für schon korrodierte Nähte und können zu Kraftstoffaustritten führen, was man bei Benzin eher riecht als sieht. Der Tank ist nicht leicht zu reparieren, der hintere ist als Ersatzteil teuer. Bewerten Sie die Dichtheit.

Motorhaube

++ + o –
4 3 2 1

Bei auf der Motorhaube montiertem Reserverad prüfen Sie die Stabilität der Aufhaltestange, bevor Sie den Kopf in den Motorraum stecken. Ist kein Reserverad anmontiert, so ist es eine Sache von Sekunden, die Stange auszuhängen und die Haube gegen den Windschutzscheibenrahmen zu lehnen.

Oben: Prüfen Sie den Zustand der Kühlwasserschläuche und des dicken Luftschlauchs. Sind sie dicht und fest montiert?

Rechts: Weiße Flecken überall im Motorraum deuten auf ein Leck im Kühlsystem.

Ersatz des mechanischen Gebläses durch ein elektrisches ist aus Gründen der Kraftstoffersparnis in kühleren Klimazonen technisch durchaus machbar, in heißeren Ländern aber nicht ratsam.

Kühlanlage

++ + o –
4 3 2 1

Wenn sich Wasser im Kühlwasserschlauch beim Anlassen des kalten Motors bewegt, fehlt der Thermostat oder klemmt in offener Stellung.
Suchen Sie nach Spuren von Wasserverlust im Kühlernetz und an den oberen und unteren Verbindungsstellen. Das macht man am besten, bevor der Motor warm ist.
Entfernen Sie den Kühlerdeckel und schauen Sie nach einem Ölfilm auf dem Wasser. Er würde einen bevorstehenden Zylinderkopfschaden anzeigen.
Bei abgestelltem Motor tasten Sie unter dem Gebläseschwungrad, ob Wasser aus der Wasserpumpe austritt.

Motor und Nebenaggregate

++ + o –
4 3 2 1

Wenn ein V8-Motor eingebaut ist, prüfen Sie, ob auch Bremsen und Radaufhängungen aufgerüstet wurden. Ist ein anderer Motor eingebaut, erkundigen Sie sich, wer den Motor eingebaut hat und vergewissern Sie sich der Qualität der ausgeführten Arbeit. Sind für diesen

Die Lagerbuchse für das Gasgestänge kann undicht werden und Kraftstoff kann austreten. Normalerweise sind solche Leckagen nicht zu reparieren.

Motor Ersatzteile leicht erhältlich? Die ab 1980 verbauten Vierzylinder laufen ruhiger und leiden weniger unter Kurbelwellenschäden durch hohe Drehzahlen, weil sie fünf statt nur drei Hauptlager haben. Die gusseisernen Zylinderköpfe der Dieselmotoren neigen zu Rissbildung. Undichtigkeiten zeigen sich durch aufsteigende Blasen im Kühlwasser, was bei Abnehmen des Kühlwasserdeckels (nicht bei heißem Motor abnehmen!) sichtbar ist.

Die Zylinderköpfe der Vierzylinder-Benziner bieten ein Verdichtungsverhältnis von 7 oder 8:1 und sind untereinander austauschbar. Der entsprechende Verdichtungswert ist in den Zylinderkopf eingeschlagen. Der Sechszylinder hat empfindliche Auslassventilsitze (Leistungsmangel, manchmal Nachverbrennung im Auspuff), und sein Alu-Zylinderkopf neigt zum Verziehen und zu Korrosion. Dieser Motor ist der Limousine Rover 3 Litre entnommen.

Wollen Sie nicht originale Teile durch originale ersetzen? Der hier gezeigte K&N-Luftfilter kann zwar leistungssteigernd wirken, ist in Deutschland aber nicht zugelassen.

Bei Benzinern müssen die Düsennadeln auf Verschleiß geprüft werden. Der serienmäßige Zenith-Vergaser hat hier seine Schwäche.

Wenn Sie eine originalgetreue Restaurierung anstreben, prüfen Sie, welche Teile Sie dafür ersetzen müssen, selbst wenn sie zurzeit perfekt funktionieren; dazu gehören oft Luftfilter, Vergaser und Ölfilter.

++ + o –
4 3 2 1

Weitere Nebenaggregate

Prüfen Sie, ob das Lenkgetriebe fest am Fahrwerk befestigt ist und dass dort nicht viel Öl austritt.

Ein Ölkühler könnte von einem Vorbesitzer eingebaut worden sein, was auf zumindest zeitweise harte Einsatzbedingungen schließen lässt. Ist er dicht? Im Normalbetrieb wäre er überflüssig.

Notieren Sie auch die Motornummer, die senkrecht an einer ebenen Fläche des Blocks eingeschlagen ist, und zwar in der Nähe von Abgaskrümmer und Wasserpumpengehäuse.

Prüfen Sie Öldeckel und Entlüftungsdeckel am Zylinderkopf auf herausgeblasenes Öl, das auf verschlissene Motorkomponenten hindeutet.

++ + o –
4 3 2 1

Kabelbaum

Ältere Fahrzeuge haben oft Probleme mit der Elektrik, weil die Isolierungen rissig und durchlässig werden und die Steckverbindungen korrodieren oder sich losvibrieren. Bastler toben sich hier gern aus; man sollte ihrem Werk mit Skepsis begegnen. Neue Kabelbäume für alle Modelle sind im Zubehörhandel erhältlich. Der Verteiler ist teuer in der Reparatur, billigen Ersatz hierfür gibt es nicht.

Zusätzliche Kabel sollten sauber und weit weg von heißen bzw. beweglichen Bauteilen montiert sein.

Der Kabelbaum und alle seine Verästelungen sollten sicher an Karosserie, Rahmen oder Motor befestigt sein, um Scheuerschäden zu vermeiden.
Hat das Fahrzeug noch den ursprünglichen Kabelbaum, so geben Sie die geringste Punktzahl.
Zusätzliche Kabel für weitere Instrumente, Leuchten etc. sollten ähnlich sorgfältig wie der Kabelbaum installiert sein sowie über eine separate Isolierung und die passenden Querschnitte verfügen.

++ + o –

Bleifrei und Gas

4 3 2 1

Bei den Benzinern fragen Sie nach Bescheinigungen, die belegen, dass der Zylinderkopf nachträglich mit gehärteten Ventilsitzen für den Betrieb mit bleifreiem Kraftstoff versehen wurde. Zugleich sollten neue Ventile eingebaut worden sein – die sind kostspielig. Bei nicht gehärteten Sitzen werden die Ventile mit der Zeit undicht. Dies wird sich erst nach vielen tausend Kilometern bemerkbar machen.
Gas-Umrüstsätze sind erhältlich. Alle Umbauten in diesem Bereich müssen von einem Fachmann begutachtet und als ordnungsgemäß bescheinigt werden. Fragen Sie nach entsprechenden Unterlagen.
Bewerten Sie ggf. die Qualität des Umbaus.

++ + o –

Fahrgestell- und Motornummer

4 3 2 1

Die Motorblöcke der Vierzylinder-Benziner und -Diesel sind identisch, so dass ein Diesel eine Benziner-Motornummer haben kann und umgekehrt. Jedoch hat der Diesel eine steifere Kurbelwelle. Achten Sie darauf, dass in die Kurbelwelle des Diesels nicht ein „P“ eingeschlagen ist, das sie als für den Benziner bestimmt kennzeichnet. Allerdings müsste dafür zunächst die Ölwanne abgenommen werden.
Nun setzen Sie sich ins Fahrzeug. Stimmt die Nummer hier mit der am Rahmen überein, die Sie zuvor notiert hatten? Entspricht sie den Angaben in den Fahrzeugpapieren?
Bedenken Sie, dass es blanko Typenschilder als Ersatzteil gibt – hat die im Fahrzeug angebrachte die zu erwartenden Altersspuren? Die Zulassungspapiere sind meist schwieriger zu fälschen, so dass die Angaben darin noch am ehesten verlässlich sind.

Die Motornummer ist beim Vierzylinder senkrecht in den Block eingeschlagen, gleich neben dem Abgaskrümmer.

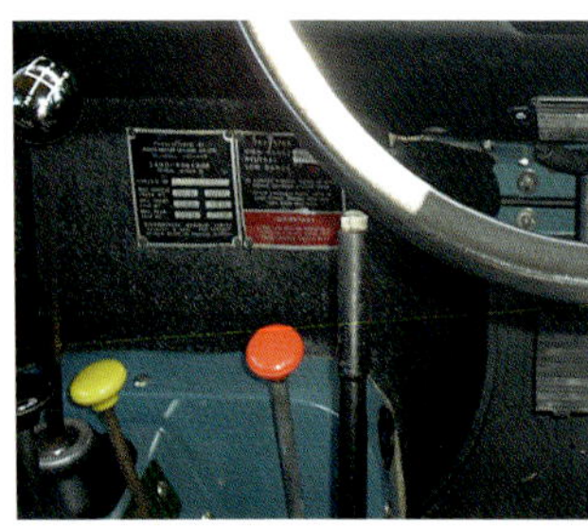

Das Typenschild befindet sich normalerweise im Innenraum über dem Getriebetunnel; das muss aber nicht immer so sein und außerdem kann durch nachträglich montierte Schalldämmung das Schild verdeckt sein.

++ + o –

Innenraum

4 3 2 1

Bei einem Fahrzeug mit Verdeck oder Plane sollten Sie im geschlossenen Zustand auf Risse und Flecken achten sowie die Passform überprüfen.
Wenn Sicherheitsgurte montiert

Hier ist eine Schrumpfung des Verdecks, wie es oft bei vernachlässigten Exemplaren zu beobachten ist, nicht zu erkennen. Geschrumpfte Verdecke kann man nicht wieder auf das ursprüngliche Maß strecken.

sind (ganz alte Fahrzeuge sind auch ohne Gurte zulassungsfähig), prüfen Sie deren Zustand sowie den der Halterungen – bei Mängeln besteht das Fahrzeug nicht die Hauptuntersuchung.
Wurde eine Innenraumschalldämmung eingebaut (beim Diesel sehr zu empfehlen), so behindert diese, soweit sie am Boden montiert ist, die Prüfung auf Rostschäden. Nehmen Sie in einem solchen Fall immer einen Punktabzug vor.
Sind irgendwelche Schalter, Instrumente oder Hebel beschädigt?

Der Dachhimmel ist oft durch Kondenswasser beschädigt. Dieser Safari-Dachhimmel ist leichter gereinigt als ausgetauscht.

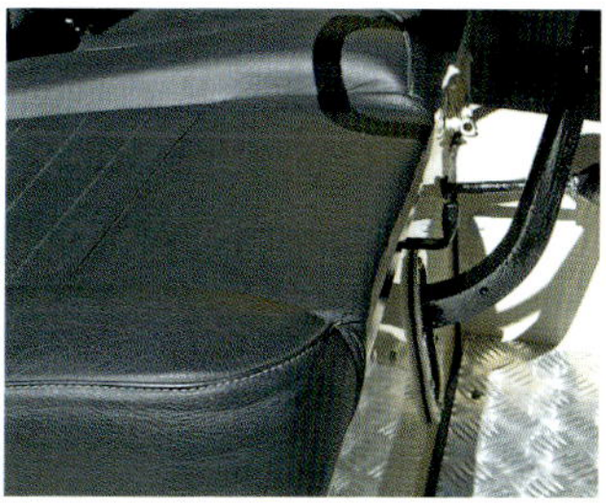

Über Zulieferer kann der Hobby-Schrauber das entsprechende Material beziehen, um die Sitzbezüge zu überholen, reparieren oder zu erneuern.

Zustand des Innenraums

++ + o –
4 3 2 1

Wenn Sie ein Fahrzeug für den Geländebetrieb suchen, sollte Ihnen ein sauberer, gepflegter Innenraum nicht wichtiger sein als die funktionierende Mechanik eines anderen Fahrzeugs, das Sie bereits besichtigt haben. Wenn Sie jedoch eher ein Liebhaberfahrzeug haben wollen, so sei Ihnen gesagt, dass es alle Innenausstattungs- und Verdeckteile auch in Originalqualität noch zu kaufen gibt. Allerdings sind für den Versand aus England oder Übersee zusätzliche Kosten zu kalkulieren.
Entspricht der relativ einfache Innenraum Ihrem Geschmack oder müssten Sie ihn aufarbeiten oder restaurieren?

Der Zenith 36IV-Vergaser ist beim Vierzylinder serienmäßig. Im Schadensfall ist es schwierig, ihn wieder so instand zu setzen, dass sich ein vernünftiger Verbrauch erzielen lässt.

Probefahrt

Wenn das Fahrzeug versichert und angemeldet ist, sollten Sie sich 30 Minuten für eine Probefahrt nehmen. Nur so lassen sich wichtige mechanische Funktionen zuverlässig prüfen.

Anlassen des Motors

++ + o –
4 3 2 1

Der Verkäufer wird Ihnen sagen, wie Gas und Choke einzustellen sind, damit der Motor bei den vorherrschenden Wetterbedingungen am besten anspringt.
Rastet der Anlasser voll in das Schwungrad ein? Hört sich das Anlassen nach verschlissenen Zahnrädern an oder kann man gar ausgebrochene Zähne vermuten?
Springt der Motor zügig an? Wurde der Motor vor Ihrer Ankunft schon warmgefahren, wird er jetzt gut anspringen.

Motorgeräusch

++ + o –
4 3 2 1

Der Vierzylinder-Benziner ist für sein Steuerketten-Klappern bekannt. Der Diesel benötigt etwa 30 Sekunden Vorglühen, damit er anspringt. Dem Benziner wird eine bessere Dauerhaltbarkeit nachgesagt als dem Diesel.
Der Motor sollte einen einigermaßen gleichmäßigen Leerlauf haben, obwohl viele Teile bereits Verschleißspuren aufweisen werden. Wenn der Leerlauf Ihrer Meinung nach zu sehr

Ein unruhiger Motorlauf kann durch eine unsachgemäße oder lose Verschraubung der Schalldämpferverbindung am Abgaskrümmer verursacht werden. Kann das (abgekühlte) Abgasrohr hin- und her bewegt werden?

schwankt, prüfen Sie dies nochmals nach der Probefahrt. Ein Multimeter mit Drehzahlmesserfunktion kann helfen, ungleichmäßigen Lauf aufzudecken. Oft ist der Vergaser die Ursache dafür.

Wenn Sie vom Zylinderkopf her ein metallisches Klappern hören, deutet dies auf Probleme im Ventiltrieb. Horchen Sie nach der Probefahrt noch einmal hin. Ist das Geräusch dann noch da, nehmen Sie einen Punktabzug vor, auch wenn sich das Problem meist kostengünstig beheben lässt. Besonders bei den Vierzylindern kann das Geräusch auch vom Kettenspanner oder einer verschlissenen Nockenwelle herrühren.

Hören Sie dumpfe Geräusche vom Kurbeltrieb, sind die Lager oder die Kurbelwelle selbst verschlissen. Dieser Schaden ist besonders häufig bei den Benzin- und Diesel-Vierzylindern mit nur drei Hauptlagern (also Baujahr vor 1980) zu beobachten. Der übermäßige Verschleiß rührt besonders beim mittleren Hauptlager von der mangelhaften Fixierung der Kurbelwelle bei hoher Drehzahl her.

Schauen Sie, ob der Auspuff raucht, wenn man die Drehzahl etwas über Leerlauf anhebt, sowie während und nach der Probefahrt. Wenn es kontinuierlich bläulich raucht, sind Kolben oder Kolbenringe verschlissen, schwarze Farbe zeigt beim Benziner ein überfettetes Gemisch an, beim Diesel einen Schaden an der Einspritzanlage, deren Reparatur teuer kommen kann. Gelegentliches Bläuen, insbesondere beim Runterschalten, kommt von den Ventilschaftdichtungen.

Wenn der Motor hier nicht gut abschneidet und vorher schon durch Öundichtigkeit aufgefallen ist, sollte man vom Kauf Abstand nehmen. Die Vierzylinder sind langlebig und können auch bei spürbarem Verschleiß noch zuverlässig laufen.

Der Scheinwerfertopf neigt zur Korrosion. Ersatz aus Kunststoff ist erhältlich.

Beleuchtung

++	+	o	–
4	3	2	1

Schalten Sie die Scheinwerfer ein und beobachten Sie dabei (sofern vorhanden) die Anzeige des Amperemeters. Funktionieren alle anderen Lampen?

Zusatzscheinwerfer sind ein gern genommenes Extra.

Kontrollleuchten in der Instrumententafel

++	+	o	–
4	3	2	1

Die serienmäßige Instrumentierung ist sparsam und wenig informativ. Viele Besitzer haben daher Zusatzinstrumente montiert, z.B. ein Öldruckmessgerät. Prüfen Sie, ob sie alle funktionieren und ob die Anzeigewerte

während der Probefahrt auf Schäden am Motor hindeuten. Die grüne Kontrollleuchte soll leuchten, wenn die Zündung eingeschaltet wird, und nach Anlassen des Motors rasch verlöschen. Ist keine Öldruckanzeige vorhanden, schauen Sie, ob die Kontrollleuchte im Leerlauf leuchtet. Falls ja, bedarf der Motor der Überholung.
Falls eine Heizung vorhanden ist, prüfen Sie, ob das Gebläse funktioniert. Wie viel Wärme gibt die Anlage während und nach der Probefahrt ab? Achtung: Es wird nie viel Hitze sein!

Armaturentafel

++ + o –
[4] [3] [2] [1]

Prüfen Sie vor Beginn der Probefahrt, ob Scheibenwischer und -waschanlage funktionieren. Reinigen die Wischerblätter die Scheibe streifenfrei? Läuft der Wischermotor bei laufendem Motor ausreichend schnell?

Zusatzinstrumente können in eine maßgeschneiderte Ersatz-Armaturentafel von Classic Land Rover Accessories (www.classicland-rover.co.uk) eingebaut werden.

Extras

++ + o –
[4] [3] [2] [1]

Hierzu gehören: Heizbare Windschutzscheibe, Fliegengitter und Radio. Überprüfen Sie die Funktionsfähigkeit.

Bremspedal

++ + o –
[4] [3] [2] [1]

Wenn Sie mit den beiden ersten Bremsversuchen nicht zufrieden sind, brechen Sie die Testfahrt ab.
Das Pedal fordert bei sofort ansprechender Bremse einen festen Druck, man sollte es nicht weiter als zur Hälfte durchtreten können.
Prüfen Sie die Dichtungen des Hauptbremszylinders, indem Sie die Bremse leicht mehrmals treten. Bei gleich starkem Druck muss das Pedal sich stets gleich weit durchtreten lassen. Halten Sie das Pedal eine Weile leicht getreten und achten Sie darauf, ob der Gegendruck gleich bleibt.
Funktionieren die Bremsen vertrauenerweckend? Ist das Pedal allzu schwergängig? Bedenken Sie dabei, ob das geprüfte Fahrzeug mit Bremskraftverstärker ausgerüstet ist (nur beim 109er und bei allen Sechszylindern serienmäßig) oder nicht.
Alle anderen Modelle können mit einem Bremskraft-

Der Bremskraftverstärker kann nicht repariert, sondern nur komplett gewechselt werden.

Lose Halterungen oder verrottete Unterdruckschläuche können die Bremse noch schwergängiger machen.

Schlechte Bremswirkung kann an einer undichten Bremshydraulik liegen. Oft entdeckt man dies leicht an Flecken an der Bremsabdeckung.

Wenn Sie bei der Probefahrt ein größeres Problem an der Bremse festgestellt haben sollten, ist es ratsam, der Sache auf den Grund zu gehen, bevor man den Kauf perfekt macht.

verstärker nachgerüstet worden sein. Bleibt das Fahrzeug beim Bremsen in der Spur? Falls nicht, klemmt ein Bremszylinder oder eine Bremsleitung ist verstopft.
Quietschende Bremsen deuten auf übermäßigen Belagverschleiß. Vorübergehendes Quietschen ist jedoch lediglich die Folge von Rostbefall an den Kanten der Bremstrommel und eingedrungenen Verschmutzungen. Bremsfading kann an verhärteten Bremsbelägen und polierten Trommeln liegen. Zwar können verhärtete Beläge durch Anschleifen überarbeitet werden, sinnvoller und zudem nicht extrem teuer ist allerdings der Austausch gegen neue Beläge.

++	+	o	–
4	3	2	1

Kupplung

Treten Sie das Kupplungspedal durch. Bei laufendem Motor sollte man dabei kein Quietschgeräusch oder Rauschen hören; beides lässt auf ein verschlissenes Ausrücklager schließen. Ersatz ist billig beschafft, der Einbau kostet jedoch viel Zeit.
Lässt sich der erste Gang nur schwer einlegen, wird dies an einer verschlissenen Kupplung liegen. Alternativ kommt Verschleiß an der Schaltgabel in Betracht.
Ist die Kupplung bei halb getretenem Pedal kraftschlüssig? Die Kupplung ist selbstnachstellend, benötigt jedoch nach Einbau eine Grundeinstellung.

Öl hinter dieser Kontrollschraube würde eine undichte Kurbelwellendichtung verraten.

Greift die Kupplung weich und ohne Vibrationen? Vibrationen deuten auf einen Kupplungsschaden oder lose Befestigung der Motor-Getriebe-Halterungen.
Wird der Wagen beim Gasgeben nicht schneller, ist die Kupplung verschlissen und rutscht.

++	+	o	–
4	3	2	1

Getriebe

Bei stehendem Fahrzeug und mit Leerlauf drehendem Motor versuchen Sie, die verschiedenen Gänge einzulegen. Bedenken Sie, dass die Gangwechsel hier mehr Zeit verlangen als bei modernen Getrieben. Das Getriebe ist weniger robust als bei den früheren Land-Rover-Modellen.
Hört sich das Getriebe im Schiebebetrieb in jedem Gang klapprig an, wird es verschlissen sein.
Treten Klopfgeräusche beim Rückwärtsfahren auf?
Springt der Gang heraus, wenn man nach dem Beschleunigen plötzlich vom Gas geht? Die Synchronisierung könnte dann schadhaft sein.
Wenn solche Anzeichen für Getriebeverschleiß auftreten, kommt ein Austauschgetriebe in Betracht; die Reparatur käme in der Regel teurer. Dennoch sind für Hobby-Schrauber Reparatursätze und -anleitungen erhältlich.

++	+	o	–
4	3	2	1

Allradantrieb

Wie schon angemerkt, suchen Sie sich für diese Prüfung lockeren Untergrund, z.B. Splitt. Schauen Sie, ob die Vorderräder mit durchdrehen. Prüfen Sie sowohl das normale als auch das Kriechgang-Getriebe. Man sollte keine ungesunden Geräusche vernehmen. Wenn der Allradantrieb nicht zugeschaltet werden kann, liegt es wohl an der Koppelung.

Wenn Freilaufnaben montiert sind, müssen Sie diese erst einschalten, bevor Sie mit Allradantrieb fahren können.

Lenkung

++ + o –

4 3 2 1

Klonk-Geräusche von einem Vorderrad bei enger Kurvenfahrt deuten auf lose Kreuzgelenk-Bolzen und verschlissene Buchsen in der Radaufhängung.
Fährt das Fahrzeug von allein ohne große Korrekturen geradeaus? Etwas Spiel kann man durch Nachstellen des Lenkgetriebes beseitigen, aber es kann auch Verschleiß an Naben und Lagern vorliegen. Beachten Sie, dass das Fahrzeug mit Diagonalreifen gerne den Fahrbahnrillen folgen wird. Bedenken Sie, dass die Lenkung für die Hauptuntersuchung intakt sein muss. Das Lenkgetriebe zu erneuern oder zu überholen kann kostspielig werden.
Stellt sich die Lenkung nach einer Kurve von selbst wieder gerade?
Oft tritt nach Durchfahren eines tiefen Schlaglochs vehementes Schütteln auf, wenn kein Lenkungsdämpfer eingebaut ist. Ein solcher ist als Nachrüstsatz erhältlich.

Handbremse

++ + o –

4 3 2 1

Beim Land Rover Serie 3 wirkt die Handbremse auf die Kardanwelle. Für einen Funktionstest wie folgt vorgehen: Wenn eine leichte und eine steile Steigung erreichbar sind, prüfen Sie zunächst an ersterer die Wirkung der Handbremse. Ist vorsichtiges Anfahren möglich ohne sie zu lösen, ist die Bremse am Getriebe entweder ölverschmiert oder sie muss nachgestellt werden.
Parken Sie nun am stärkeren Gefälle und lösen Sie die Handbremse. Rollt der Wagen nicht sofort, so klemmen wahrscheinlich die Bremsbeläge in der Trommel. Prüfen Sie die Fußbremse auf dieselbe Weise: Passiert das gleiche, so klemmen die Bremsbeläge der Radbremse. Ob und welche Radbremse betroffen ist, kontrollieren Sie nach kurzer Fahrt, indem Sie der Reihe nach an allen Felgen in der Mitte (vorsichtig) fühlen, ob sich ein starker Temperaturunterschied feststellen lässt.

Eine verölte, rutschende Handbremse zu reparieren erfordert auch den zeitaufwändigen Austausch einer Öldichtung.

Eine rutschende Handbremsratsche muss nur eingestellt werden – oder es muss diese Sperrklinke ersetzt werden.

Ein Fairey-Overdrive war wahlweise ab Werk erhältlich. Nun wird er nachgebaut und Ersatzteile sind erhältlich.

Overdrive

++ + o –

4 3 2 1

Auf Wunsch war der Land Rover Serie 3 mit einem Overdrive von Fairey erhältlich. Das damals angebotene und oft verkaufte Ersatzteil zum Nachrüsten wird auch aktuell wieder gefertigt. Gebrauchte Overdrives sind allerdings meist stark verschlissen und so sollte man die Anschaffung des Neuteils einplanen. Die Firma Rocky Mountain fertigt einen „Roverdrive" für dieses Modell. Wenn ein Overdrive eingebaut ist und funktioniert, geben Sie die höchste Punktzahl.

Fahrleistungen

++ + o –

4 3 2 1

Wenn mangelhafte Motorleistung auf den Zenith 36IV-Vergaser zurückzuführen ist, dann ist eine Überholung mangels

Wichtig ist, dass beim Diesel die Kraftstoffleitungen dicht sind. Werden sie lackiert, so ist die Überprüfung einfacher.

Ersatzteilen schwierig. Alternativ kann auf Weber 34ICH umgerüstet werden. Dieser Vergaser reduziert zwar nebenbei auch den Verbrauch des Land Rover, sorgt aber gleichzeitig für einen Leistungsverlust.
Dreht der Motor willig bis in den oberen Drehzahlbereich oder quält er sich dabei infolge falscher Zündeinstellung?
Auf einem hinreichend langen, geraden Streckenabschnitt sollten knapp 100 km/h mit dem gut eingestellten Benziner erreichbar sein, während ein ähnlich guter Diesel nicht weit über die 90-km/h-Marke hinaus kommt.

Selbst Range-Rover-Sitze passen in den 109er (wie hier zu sehen ist), aber einfach ist der Einbau nicht.

Sitze

++ + o –
4 3 2 1

Fragen Sie sich nach der Probefahrt, wie Sie den Sitzkomfort, die Handlichkeit der Bedienelemente und die Rundumsicht empfunden haben. Andere Sitze lassen sich am leichtesten in die Station Wagons einbauen. Bedenken Sie, dass die Sitze den Anforderungen des TÜV genügen müssen. Die bequemeren Sitze der County-Variante lassen sich in alle anderen Modelle einbauen. Schäden daran sind freilich teurer zu reparieren als beim Serien-Gestühl.

Anders als die Vorgänger ist die Serie 3 für die Straßenzulassung mit Sicherheitsgurten ausgestattet.

Motorzustand

++ + o –
4 3 2 1

Lassen Sie den Motor noch laufen und vergewissern sich, dass der Ventiltrieb nicht geräuschvoller arbeitet als vor der Probefahrt.
Entfernen Sie den Öleinfülldeckel vom Ventildeckel und achten Sie auf milchig-graue Ablagerungen, die einen Kopfdichtungsschaden anzeigen.
Kontrollieren Sie, ob bei hoher Drehzahl Öl aus dem Einfüllstutzen verspritzt wurde. Gegendruck an der Motorentlüftung deutet nämlich ebenfalls auf einen verschlissenen Motor.

Äußerlicher Eindruck

++ + o –
4 3 2 1

Das Fahrzeug kann noch Kratzer und Beulen von Geländefahrten haben. Bei Fahrzeugen mit Verdeck prüfen Sie, ob die Plexiglas-Heckscheibe hart und brüchig geworden ist.
Ist die vordere Stoßstange beschädigt?
Sind die hinteren Ecken beschädigt?
Sind die Räder serienmäßig und in gutem Zustand? Wenn das Fahrzeug Alufelgen hat, könnten diese wegen ihrer Empfindlichkeit dem geplanten Geländeeinsatz entgegenstehen.

Weitere Ausrüstung

++ + o –
[4] [3] [2] [1]

Eine Reihe Zubehör für Geländebetrieb kann montiert sein, z.B. Winde, Dachgepäckträger, Anhängerkupplung, geriffelte Karosseriebleche, Unterbodenverkleidung, zusätzliche Beleuchtung etc.
Bewerten Sie die Zusatzausstattungen nach Zustand und Nutzen für Sie.

Schmutzfänger können unter bestimmten Bedingungen die Sicht nach hinten verbessern.

TÜV-Bericht

++ + o –
[4] [3] [2] [1]

Lassen Sie sich das neueste Protokoll der TÜV-Hauptuntersuchung zeigen: Sind dort verzeichnete Mängel beseitigt?

Wenn eine Winde montiert ist, probieren Sie aus, ob der Antrieb auch funktioniert. Es sei denn, der Verkäufer hat das Problem schon angesprochen.

Auswertung

Addieren Sie nun alle Punkte:
Bis 204 Punkte = Exzellent, fast Concours
Bis 153 Punkte = Gut bis sehr gut, aber den Zustand zu halten wird nicht billig werden
Bis 102 Punkte = Unterdurchschnittlich bis mittelmäßig; überlegen Sie sich den Kauf gut, eine Restaurierung ist erforderlich.
Bis 51 Punkte = Lassen Sie die Finger davon, dieses Projekt wird nur viel Geld und Zeit fressen.

Diese Trittbretter in originalem Stil sind recht beliebt und werden inzwischen nachgefertigt.

Jeder Wagen über 153 Punkte ist uneingeschränkt brauchbar und erfordert nur ein Minimum an Reparaturen. Regelmäßige Wartung und Sorgfalt werden den Wagen in gutem Zustand erhalten.
Kandidaten, die zwischen 102 und 153 Punkte erzielen konnten, erfordern einige Aufmerksamkeit hinsichtlich der Reparaturkosten, um einen vernünftigen Kaufpreis auszuhandeln.
Fahrzeuge zwischen 51 und 102 Punkten bedürfen einer Komplettrestaurierung, wobei die Kosten unabhängig von der Punktzahl etwa gleich hoch sein werden.
Jeder Land Rover unter 51 Punkte wird einiges Geld verschlingen. Die Restaurierung zum voll straßentauglichen Zustand wird eine Liebhaberei sein, aber bestimmt nicht wirtschaftlich sinnvoll, weil Sie das ins Fahrzeug hineingesteckte Geld nicht wieder herauskommen werden.

Verschiedene Anhängevorrichtungen sind erhältlich. Im Gelände setzt das Fahrzeug damit aber leicht auf.

10 Auktionen – ein anderer Weg zum Traumwagen

Pro und Kontra

Pro: Die Preise sind im Allgemeinen niedriger als bei Händlern oder privaten Verkäufern und man kann möglicherweise ein echtes Schnäppchen machen. Professionelle Versteigerer haben zumeist alle Formalitäten mit dem Verkäufer erledigt.
Kontra: Man muss allein der Beschreibung im Katalog vertrauen. Die Möglichkeiten zur Überprüfung sind begrenzt und eine Probefahrt ist nicht möglich. Auktionsmodelle sind oft in einem unterdurchschnittlichen Zustand und verlangen nach zusätzlichen Reparaturen.

Welche Auktion?

Die Veranstaltungen der etablierten Auktionshäuser werden in Automobilmagazinen oder auf den Internetseiten der Unternehmen angekündigt. Der Katalog oder eine einfache Aufstellung der zum Aufruf kommenden Modelle ist erst kurz vor der Auktion erhältlich. Allerdings veröffentlichen die Unternehmen ihre Angebote auch schon früher auf ihren Internetseiten. Nehmen Sie Kontakt mit dem Auktionshaus auf, um die Ausrufpreise zu erfahren. Details der bereits gelaufenen Auktionen sind zumeist im Netz zu erfahren und ein guter Indikator.

Katalog, Eintrittsgelder und Zahlungsmodalitäten

Der Katalog fungiert oftmals auch als Eintrittskarte für zwei Personen während der Besichtigungstage und für die Auktion selbst. Die Angaben in den Katalogen sind zumeist kurz und knapp, enthalten aber in der Regel Angaben über die Zahl der Besitzer, den Kilometerstand und die Wartungsgeschichte des Wagens. Der angegebene Ausrufpreis gibt eine erste Andeutung, in welchen Kategorien man sich bewegt, und gleichzeitig werden im Katalog auch die verschiedenen Zahlungsformen sowie das verlangte Aufgeld angegeben. Zumeist verlangt der Auktionator Barzahlung, es sind aber auch andere Modalitäten wie Zahlung mit Kreditkarte oder mittels eines von der Bank bestätigten Schecks möglich. Kein Fahrzeug wird herausgegeben, bevor nicht alle Zahlungsmodalitäten geklärt sind. Bei Verzögerungen kann der Auktionator Lagergebühren verlangen.

Aufgeld

Bei der Kalkulation darf man unter keinen Umständen das Aufgeld vergessen. Daneben können noch andere Steuern fällig werden.

Besichtigung

Bei den meisten Auktionen ist vorab eine Besichtigung der Wagen möglich. Hilfskräfte des Auktionators sind dabei durchaus bereit, die Motor- oder Kofferraumhaube zu öffnen und sie werden es auch zulassen, dass man den Innenraum besichtigt. Der Motor kann zwar gestartet werden, eine Probefahrt aber ist absolut ausgeschlossen. Man darf den Wagen auch von unten überprüfen, aber mit Sicherheit wird man die Bitte, den Wagen auf eine Bühne zu stellen, ablehnen. Man kann allerdings die wichtigsten Dokumente einsehen.

Bieten

Bevor man sich an einer Auktion beteiligt, sollte man sich unbedingt über sein persönliches

Höchstgebot im Klaren sein und – auch wenn es mitunter schwer fallen mag – dabei bleiben.
Bis das begehrte Auto aufgerufen wird, vergeht meistens einige Zeit, die man nutzen kann, um die anderen Bieter zu beobachten. Ist der anvisierte Wagen an der Reihe, sollte man die Aufmerksamkeit des Auktionators auf sich ziehen indem man ein frühes Gebot abgibt. Der Auktionator wird dann immer zu Ihnen blicken, um eine Reaktion auf ein Gebot zu bekommen. Zumeist wird in genau definierten Schritten gesteigert, was sich erst ändern kann, wenn die Gebote langsamer kommen. Dann werden auch kleinere Schritte akzeptiert. Wenn man sich aus dem Gebotgefecht verabschieden will, sollte man dies dem Auktionator unmissverständlich signalisieren – ein deutliches Kopfschütteln sollte reichen.
Bei einem erfolgreichen Gebot notiert sich der Auktionator die Nummer Ihrer Karte, und von nun an sind Sie für den Wagen verantwortlich.
Wird der Wagen nicht verkauft, weil er schlicht kein ausreichendes Interesse fand oder unter dem Ausrufpreis blieb, gibt es immer noch die Möglichkeit, mit dem Besitzer – unter Vermittlung des Auktionators – direkt zu verhandeln.

Erfolgreiches Gebot

Bereits im Vorfeld sollte man sich für diesen Fall ein paar Gedanken gemacht haben. Wie wird der Wagen nach Hause transportiert und welche Versicherung wird dafür benötigt? Die Versicherungsfrage sollte man auf jeden Fall bereits vor der Auktion geklärt haben. Ist der Wagen nicht fahrbereit: Kann man ihn auf einem Anhänger transportieren oder muss man die Aufgabe an ein qualifiziertes Unternehmen delegieren? Das Auktionshaus verfügt zudem ebenfalls über entsprechende Adressen.

eBay und andere Internet-Auktionen

Bei eBay und anderen Internet-Auktionshäusern kann man durchaus für einen günstigen Preis an seinen Traum-Klassiker kommen, doch sollte man nicht auf eine gründliche Untersuchung des Wagens vor Ort verzichten. Die meisten Anbieter ermutigen die Interessenten sogar ausdrücklich dazu. Bei eBay wird stets der Standort des Wagens genannt, sodass man sich ein Angebot in erreichbarer Nähe aussuchen kann. Seien Sie darauf vorbereitet, in letzter Minute überboten zu werden. Sie sollten sich darüber im Klaren sein, dass Ihr Gebot bindend ist, es aber andererseits sehr schwer ist, einen betrügerischen Anbieter vor Gericht zur Rechenschaft zu ziehen. Immer wieder kommt es auch zum Verkauf von „Geisterwagen". Daher sollte man sicherstellen, dass der in Frage kommende Wagen tatsächlich existiert und sich nicht voreilig von seinem Geld trennen.

11 Papiere für eine vollständige Dokumentation

Klassische Automobile oder Sammlerautos werden im Allgemeinen von umfangreichen Papieren begleitet, die beim Verkauf weitergereicht werden. Mittels dieser Dokumentation lässt sich die exakte Geschichte des Wagens nachvollziehen und außerdem wird so der Umfang von Pflege, Wartungs- und Restaurierungsarbeiten deutlich. Für den neuen Besitzer sind derartige Dokumente außerordentlich wertvoll und wenn der Verkäufer diese nicht vorweisen kann, sollte man als Interessent misstrauisch werden.

Zulassung

Alle Länder verfügen über ein Registrierungssystem für Automobile – wie dem so genannten „Pink Slip" in den USA oder dem Kraftfahrzeugbrief in Deutschland.
Dabei ist es wichtig, dass die Unterlagen im Original vorliegen und vollständig sind, dass sie sich auf den in Frage kommenden Wagen beziehen und dass alle Details wie Motor- und Fahrgestellnummer korrekt angegeben sind. Alle früheren Besitzer sind ausschließlich im Kraftfahrzeugbrief aufgeführt. Daher sollte man sich nicht mit dem Kfz-Schein begnügen, in dem ja nur der aktuelle Besitzer angegeben ist.
Vergleichen Sie alle Angaben im Brief mit dem Typenschild, das im Fahrzeug montiert ist. Besitzt der Wagen eine ausländische Zulassung, sollte man sich vorab bei den entsprechenden Stellen wie dem Zoll informieren, welche Formalitäten bei der Einführung des Wagens zu erledigen sind.

TÜV/Hauptuntersuchung

Auch Klassiker können der Hauptuntersuchung nicht entgehen. Bei dem Besichtigungstermin spielen daher die letzten Prüfberichte eine entscheidende Rolle bei der Beurteilung des Objektes der Begierde. Also sollte man sich diese Unterlagen unbedingt zeigen lassen und bei Bedarf darauf bestehen, dass die von den Prüfern verlangten Reparaturen durch entsprechende Rechnungen dokumentiert werden. Auch wenn der Wagen nicht mehr zugelassen ist, sollte man nicht darauf verzichten. So offenbaren sich mitunter schon vor der ersten genaueren Besichtigung mögliche gravierende Schwachpunkte. Sind diese Unterlagen nicht vorhanden, ist es durchaus möglich, dass der Verkäufer etwas zu verbergen hat.

Zulassung

Ist das Fahrzeug noch zugelassen, ist eine Ummeldung relativ unproblematisch. Wer viel Zeit, Geduld und Lust auf Bürokratie hat, kann selbst zum Straßenverkehrsamt fahren und dort seinen Wagen ummelden. Dazu benötigt man Kraftfahrzeugbrief, -schein, elektronische Versicherungsbestätigung (eVB), HU/AU-Unterlagen, Personalausweis und Bargeld für die fälligen Gebühren und die neuen Kennzeichen. Hat man sich die Kennzeichen besorgt und montiert, steht der weiteren Fahrt nichts mehr im Weg.
Besitzt der Wagen keine Zulassung mehr, interessiert sich zunächst der TÜV für das Fahrzeug. Je nach Herkunft und Dauer der Abmeldung kann der TÜV auf einer Einzelabnahme bestehen, für die eine ausführliche technische Dokumentation notwendig ist. Ist diese Hürde genommen, begibt man sich zur Zulassungsstelle. Wenn man Zeit sparen will, kann man auch entsprechende Dienstleister in Anspruch nehmen, die gegen eine Gebühr die Zulassung organisieren.

Bewertung

Mitunter hat der Verkäufer ein Wertgutachten von einer anerkannten Organisation wie DEKRA oder DAT anfertigen lassen, aus dem der Wert des Modells hervorgeht. Im Allgemeinen stellen solche Dokumente allerdings lediglich eine unverbindliche Richtgröße für den tatsächlichen Preis dar.

Service-Historie

Häufig werden diese Wagen von ihren (hoffentlich fähigen) Besitzern selbst gewartet. Trotzdem sollte man so viele Details der Service-Historie wie möglich in Erfahrung bringen. Dabei kommt den Bescheinigungen und Rechnungen von Markenhändlern oder Fachbetrieben eine ganz besondere Bedeutung zu. Tatsächlich sind alle Papiere bei der Dokumentation wichtig: Vom ersten Kaufvertrag bis zum Wartungsheft bekommt man so Antworten auf wichtige Fragen zu der Geschichte des Fahrzeugs. Besonders ein Katalog des Modells aus dem entsprechenden Baujahr ist eine wichtige Informationsquelle und sollte, falls nicht bereits vorhanden, so schnell wie möglich erworben werden. Die Behauptung des Besitzers, dass der Wagen restauriert worden sei, sollte man sich immer durch die entsprechenden Unterlagen belegen lassen.

Wenn der Verkäufer erklärt, den Service selbst vorgenommen zu haben, sollte man fragen, wann die Arbeiten ausgeführt wurden und nach entsprechenden Hinweisen suchen. Im besten Fall deckt sich Ihre Einschätzung des Gesamtzustands mit den Angaben des Verkäufers.

Restaurierungs-Fotos

Größere Restaurierungsmaßnahmen werden in der Regel mit einer Vielzahl von Fotos dokumentiert. Die aus verschiedenen Winkeln gemachten Aufnahmen helfen dabei, Umfang und Qualität der Arbeiten einzuschätzen. Wenn Sie den Wagen kaufen, bitten Sie den Verkäufer, Ihnen die Fotos zu überlassen, weil sie ein wichtiger Teil der Geschichte des Fahrzeugs sind. Es ist erstaunlich, wie viele Besitzer bereit sind, sich zwar von ihrem Wagen zu trennen, die Fotos aber als Erinnerungsstücke behalten wollen. In einem solchen Fall kann man sich vermutlich auf Abzüge von den Originalen einigen.

12 Wie viel ist „er" wert?

Zustand

Wenn Sie sich die Mühe gemacht haben und den in Frage kommenden Wagen nach dem Bewertungssystem in Kapitel 9 begutachtet haben, wissen Sie nun, ob sich das Fahrzeug in einem exzellenten, guten, durchschnittlichen oder schlechten Zustand oder irgendwo dazwischen befindet. Unterbreiten Sie dem Verkäufer nach dem Ergebnis Ihrer Inspektion einen Preis, bei dem Sie die geschätzten Kosten für die notwendigen Reparaturen berücksichtigt haben.

Viele Fachmagazine (z.B.: *Oldtimer Markt*) veröffentlichen regelmäßig eine Preisübersicht. Als sehr hilfreich erweist sich auch der *Oldtimer Katalog* aus dem HEEL Verlag, ein jährlich neu erscheinender Marktführer. Auktionspreise und Angebote von großen Online-Portalen wie Autoscout24.de geben ebenfalls wichtige Anhaltspunkte. Klassiker haben sich in den vergangenen Jahren als relativ wertstabil erwiesen, jedoch sorgen Trends und Nachfrage nach bestimmten Modellen immer wieder für eine Verschiebung der Preise. Der Land Rover war in den letzten Jahren recht wertbeständig, jedoch gibt es gesuchtere und weniger gesuchte Modelle. Die angegebenen Preise sind auch abhängig von den Bewertungsmaßstäben, die die jeweiligen Zeitschriften anlegen, sodass man unbedingt die entsprechenden Fußnoten lesen muss. Außerdem sollte man sich darüber im Klaren sein, dass für einen preisgekrönten Concours-Sieger immer eine Kaufsumme aufgerufen werden wird, die über dem aktuellen Marktwert liegt. Davon ausgehend, dass der angebotene Wagen von diesem Zustand weit entfernt ist, muss man den verlangten Preis in Relation zu dem tatsächlichen Zustand sehen. Bevor man nun mit dem Handeln beginnt, gilt es zu bedenken, dass sich vorhandene Zusatzausstattungen immer auf den Preis auswirken. Wenn Sie den Wagen von einem Händler kaufen, berücksichtigen Sie dessen einkalkulierte Gewinnspanne.

Wünschenswerte Extras

Der ambitionierte Sammler wird der Originalität natürlich höchste Priorität einräumen; und so könnte er an dem damals ab Werk erhältlichen Fairey-Overdrive oder an einer elektrischen Winde besondere Freude haben, einer Kraftabnahme vorn oder in Fahrzeugmitte, einer Anhängerkupplung oder einem Ölkühler. Dies sind die wichtigsten Extras, die für den frühen Land Rover Serie 3 werksseitig angeboten wurden. Zu erwähnen ist aber, dass die meisten davon schon für die Serie 1 lieferbar waren. Im Laufe der Jahre kam eine ganze Reihe weiterer Extras hinzu.

Andere Interessenten legen größeren Wert auf den praktischen Nutzen der Zusatzausstattungen für ihre Zwecke. Sie wünschen sich vielleicht eine bessere Geländegängigkeit oder mehr Fahrkomfort als in der spartanischen Grundausführung. An Zubehör kommt hier in Frage: elektrische Winde, Unterbodenverkleidung, Ölwannenschutzbügel, parabolische Federn, geriffelte Alubleche, elektronische Zündanlage, Zusatzleuchten, Leichtmetallräder, Umbau auf Gasantrieb, Webervergaser, elektrischer Ventilator, höhergelegter Lufteinlass oder leistungsgesteigerte Motoren.

Der Land Rover Serie 3 ist weniger sparsam als moderne Allradler. Dies sollte der Käufer bedenken und gegebenenfalls über Maßnahmen zur Verbrauchssenkung nachdenken. Die meisten Serie 3 können in Deutschland bereits mit H-Kennzeichen zugelassen werden.

Wenn noch kein solches Kennzeichen erteilt wurde, können Sie es beantragen. Dazu müssen Sie mit Hilfe der Zulassungsunterlagen nachweisen, dass das Datum der Erstzulassung mindestens dreißig Jahre zurückliegt. Mit Gasanlage und Overdrive lassen sich die Kraftstoffkosten beträchtlich senken.

Nicht empfehlenswerte Extras

Es ist abzuraten von allen Anbauteilen, die die Originalität des Serie 3 beeinträchtigen, z.B. Trittbretter von anderen Allradlern anstelle der kleinen Einsteighilfen des Originals oder Türscharniere von einem noch älteren Land-Rover-Modell. In manche ursprünglich als Van karossierte Fahrzeuge ist in die Blech-Seitenwand nachträglich ein Fenster eingebaut – besser wäre ein Umbau auf den originalen Station Wagon. Solche Veränderungen werden später den Weiterverkauf erschweren.

Gern wird der Motor gegen ein Triebwerk aus einem späteren Modell (z.B. Discovery) getauscht; bei Umrüstung auf eine markenfremde Maschine sind jedoch Vorbehalte angebracht.

Gewährleistung

Professionelle Händler müssen (außer bei Vermittlung von Privatverkäufen) für sämtliche Komponenten der von ihnen verkauften Fahrzeuge ein Jahr Garantie gewähren. Schauen Sie sich dennoch die Seriosität des Händlers an – ist seine Werkstatt hinreichend ausgerüstet, um einen Land Rover zu reparieren? Was ist von der Garantie gedeckt? Wie weit wohnen Sie vom Händler entfernt? Wie bekommen Sie im Notfall das Fahrzeug dorthin zurück? Überlegen Sie den Abschluss einer Zusatzgarantie. Fragen Sie sich auch, ob der Händler den Eindruck macht, dass er am Ende der Garantiefrist auch noch existieren wird. Außer bei einem offiziellen Land Rover Händler sollten Sie sich bei der Kaufentscheidung nicht durch eine Garantiezusage beeinflussen lassen, denn in neun von zehn Fällen wird es trotzdem Scherereien bei der Durchsetzung Ihrer Ansprüche geben, und nicht immer geht der Streit zugunsten des Käufers aus. Es kann günstiger sein, auf die Garantie zu verzichten und stattdessen einen Preisnachlass herauszuhandeln.

Beim Privatverkauf bedarf es in der Regel einer Klage, um Ansprüche wegen falscher oder unterlassener Angaben zu Zustand und Reparaturen durchzusetzen.

Der Vertragsschluss

Verhandeln Sie auf der Basis Ihrer Zustandsnoten, der Kilometerleistung und der Reparaturkosten für erkannte Mängel. Beachten Sie auch die Fahrzeugausstattung. Seien Sie bei der Bewertung realistisch, aber nicht zu stur, denn oft macht erst ein kleines, nicht teures Entgegenkommen den Verkauf möglich. Machen Sie dem Verkäufer aufgrund Ihres Untersuchungsergebnisses – und der wahrscheinlichen Reparaturkosten – klar, wie der von Ihnen gebotene Preis zustande kommt. Bedenken Sie dabei, dass bestimmte Modelle einen höheren Preis erzielen als theoretisch errechnet. Haben Sie anhand dieser Kriterien oder Hinweisen aus anderen Quellen einen Mangel entdeckt, dessen Behebung kostspielig ist, so bestehen Sie darauf, dass diese Reparaturkosten vom Kaufpreis abgezogen werden. Generell gilt: Besser nehmen Sie vom Kauf Abstand, als dass Sie sich jetzt vom Gefühl leiten lassen und es später bereuen. Es gibt immer irgendwo ein noch besseres Angebot.

13 Restaurieren – ja oder nein?

Dieser Serie 3 109er Station Wagon wurde von seinem Besitzer vollrestauriert … (Foto: Bob Lane)

In einigen Fällen kann es sich wirklich rentieren, einen Wagen zu kaufen, der überschaubare Arbeiten verlangt, um wieder auf der Straße rollen zu können. Allerdings muss man hier genau selektieren aus einer Vielzahl von Fahrzeugen, die oberflächlich betrachtet nur ein wenig Aufarbeitung erfordern, jedoch in Wirklichkeit Kandidaten für einen kompletten Neuaufbau sind. Generell gilt es, sich im Vorfeld in Sachen Restaurierung über einige wichtige Punkte im Klaren zu sein:

Ein Land Rover ist so gebaut, dass er leicht zu warten und zu reparieren ist. Manches Bauteil kann überholt werden, entsprechende Kits

… und der Aufwand hat sich wirklich gelohnt! (Foto: Bob Lane)

Die größten Chancen, benötigte Gebrauchtteile zu erstehen, haben Sie auf Markentreffen und Teilemärkten, die das ganze Jahr über stattfinden.

sind erhältlich und auch das Angebot von Gebrauchtteilen ist so reichhaltig, dass nicht immer Neuteile angeschafft werden müssen. Ihr ganzes Projekt wird stocken, wenn Sie auf Teile warten müssen. Um Teile schneller zu bekommen, werden Sie eventuell mehr zahlen müssen als geplant (z.B. für Versandgebühren). Ein Teilekatalog für Ihren Fahrzeugtyp ist hilfreich, um im Notfall auch wirklich das richtige Teil identifizieren und bestellen zu können.
Eine kritischere Frage ist: Besitzen Sie tatsächlich das Talent, die Möglichkeiten und – noch wichtiger – die Zeit, um sich der Herausforderung einer Komplettrestaurierung mit all den möglichen Komplikationen zu stellen?
Außerdem müssen Sie auch den Platzbedarf für eine Restaurierung berücksichtigen. Eine große und trockene Garage und ein guter Werkzeugbestand sind Grundvoraussetzung. Dazu zählen auch ein hydraulischer Motorheber und ein Schweißgerät. Haben Sie die passenden Reparaturhandbücher im Regal stehen? Haben Sie ausreichend Platz, den Motor auszubauen? Wird die Restaurierung wirklich nur ein Jahr dauern? Oder sind 24 Monate realistischer?

Erwarten Sie das Unerwartete: Dass diese Felge unbrauchbar ist, konnte man erst nach Entfernen der Radbolzen sehen.

Nehmen Sie sich Zeit, um festgerostete Schrauben zu lösen; sie abzubrechen verursacht noch größere Umstände. Eine abgerissene Schraube auszubohren ist aufwändig.

Doch so eine Komplettrestaurierung bleibt immer ein finanzielles Abenteuer. Nicht selten verschlingen solche Projekte mehr Geld als das Fahrzeug nach Abschluss der Arbeiten wert ist. Wenn man die Summe für eine Totalrestaurierung direkt beim Kauf investiert, kann dies für wesentlich mehr Fahrvergnügen sorgen – bei deutlich weniger Arbeit.
Daher sollte man immer die Regel befolgen, den bestmöglichen Land Rover zu kaufen, den man sich leisten kann. Bei Modellen in restaurierungsbedürftigem Zustand muss man unter allen Umständen vermeiden, viel Geld für einen Haufen wertlosen Schrott zu bezahlen.

14 Lackprobleme

Lackprobleme entstehen zumeist aufgrund unzureichender Vorarbeiten für eine Neulackierung oder Ausbesserung. Einige der folgenden Probleme werden Sie bei der Klassiker-Suche häufiger antreffen.

Orangenhaut

Orangenhaut

Die ungleichmäßige Lackoberfläche erinnert an die Schale einer Orange. Das Problem entsteht, wenn der Lack zu wenig verdünnt wurde (häufig auch in Kombination mit einem zu großen Sprühabstand). Auch extreme Temperaturunterschiede zwischen der Umgebung und der zu lackierenden Oberfläche fördern die Bildung einer Orangenhaut. Dieser Effekt lässt sich in leichteren Fällen mit einer entsprechenden Politur oder sehr feinem Schleifpapier beseitigen. Je nach Ausmaß dieses Lackierfehlers ist eine Neulackierung empfehlenswert. Hier hilft auf jeden Fall die Begutachtung durch einen Experten.

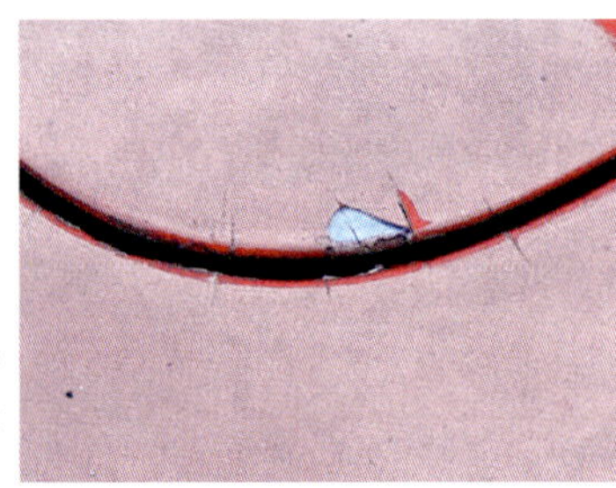

Abblätternder Lack

Risse

Risse im Lack können vor allem durch zu viel Spachtelmasse entstehen. Wird dem Lack zu viel Härter beigemischt oder besteht eine Unverträglichkeit zwischen der neu aufgetragenen Farbsorte und der bereits vorhandenen Lackierung, kann es ebenfalls zu diesen Erscheinungen kommen. Bei einer umfassenden Restaurierung sollte man vor der Neulackierung sämtliche Lackschichten entfernen, um dieses Problem auszuschließen.

Haarrisse

Wenn sich feine Haarrisse über die Lackoberfläche verteilen, liegt häufig eine Unverträglichkeit des Lacks mit der verwendeten Grundierung vor. In diesem Fall muss man sich Gedanken über eine Neulackierung machen.

Rostblasen infolge chemischer Reaktion zwischen Alublech und Stahl-Türrahmen.

Blasen

Korrosion unter der Lackierung verursacht unweigerlich Blasen. Werden sie erst einmal richtig sichtbar, ist der Schaden an den Blechen vermutlich ziemlich groß. Vor einer Neulackierung muss in diesen Fällen zunächst das betroffene Blech repariert werden.

Mikroblasen

Diese Blasen lassen auf eine preiswerte Lackierung schließen, bei der die Oberfläche nicht gründlich trocknen konnte. Am besten holt man sich Rat bei einem Spezialisten, doch wird man häufig in dem betroffenen Bereich die alte Lackierung vollständig entfernen müssen. Als Ursache für die Blasen kommen aber auch Fahrzeugabdeckungen in Frage, die nicht „atmen".

Verblassen

Einige Farben, vor allem Rot, neigen dazu, bei starker Sonneneinstrahlung und ohne Schutz durch entsprechende Politur zu verblassen. Wenn eine Behandlung mit einem Lackreiniger nicht ausreicht, kommt man um eine Neulackierung nicht herum.

Abblättern

Vor allem bei Metallic-Lackierungen kann es vorkommen, dass der Klarlack abblättert. Schlecht aufgetragener Einschicht-Lack zeigt ebenfalls diese Erscheinung. Konsequenterweise muss das Fahrzeug auch in diesen Fällen neu lackiert werden.

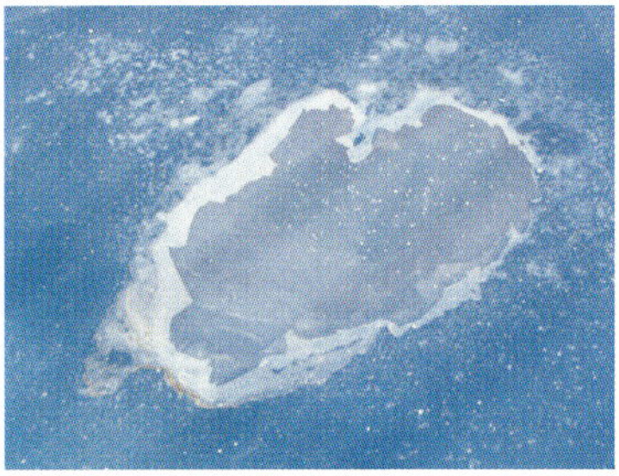

Lackablösung

Einschlüsse

Wenn bei den Vorbereitungen zum Lackieren und beim eigentlichen Lackiervorgang nicht auf Sauberkeit geachtet wurde, kommt es zu Staub- und Schmutzeinschlüssen, die sich nicht ohne weiteres entfernen lassen. Hier hilft nur eine vollständige Neulackierung.

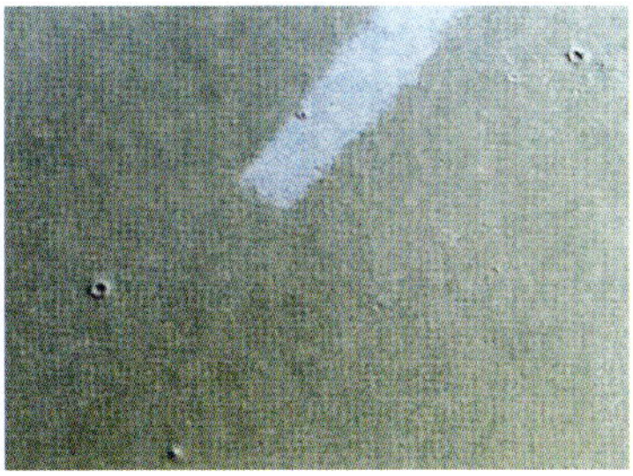

Pickel

Beulen

Kleinere Beulen lassen sich leicht vom „Beulen-Doktor" (Adressen im Internet) sanft und meistens ohne Folgen für den Lack aus dem Blech ziehen, sofern die Lackoberfläche noch intakt ist. Auf jeden Fall sollte man berücksichtigen, dass bei vielen Oldtimern dickere Bleche verwendete wurden als bei heutigen Fahrzeugen und sich dadurch die Arbeit des Beulen-Doktors manchmal schwieriger – und somit teurer als angenommen – gestalten kann.

15 Konditionsprobleme

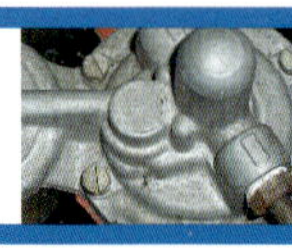

Die Ablagerungen auf dieser Kupplungsscheibe zeigen, dass sie durch Korrosion am Schwungrad festgeklebt war, so dass sie beim Treten des Pedals nicht mehr trennte.

Ein Land Rover Serie 3 braucht wie sein Besitzer Bewegung. Ein „Landy“, der nicht bewegt wird, bekommt sicher mehr Korrosions- als Verschleißprobleme. Allerdings sind das nicht die einzigen Schwierigkeiten bei einem lange stillgelegten Fahrzeug.

Klemmende Bauteile

Die Kolben in der hydraulischen Bremse können beispielsweise als Folge von defekten Dichtgummis korrodieren und festgehen. Aber auch das in der Bremsflüssigkeit enthaltene Wasser fördert die Korrosion. Bremsflüssigkeit ist hygroskopisch, das heißt sie nimmt aus der Luft Feuchtigkeit auf. Deshalb sollte sie spätestens alle zwei Jahre ausgetauscht werden. Wird dies unterlassen, kann das Wasser nicht nur wie beschrieben zu Rost im Bremssystem (Radbremszylinder, Hauptbremszylinder), sondern auch zu Dampfblasenbildung bei heißer Bremse führen – katastrophales Bremsversagen wäre die Folge.

Die Bremsbeläge können an den Scheiben festkleben oder -korrodieren, die Trommeln können rosten, die Kupplung kann durch Korrosion an der Schwungscheibe festkleben, die Handbremse kann bei klemmenden Zügen nicht mehr gelöst werden.

Flüssigkeiten

Nach langer Standzeit hat sich das gesamte Öl in der Ölwanne gesammelt und selbst der dünne Ölfilm, der nach dem letzten Betrieb als Korrosionsschutz auf den Metalloberflächen zurückgeblieben ist, verschwindet im Laufe der Zeit und Motorenteile sind dann nicht mehr geschützt. Bei sehr langen Standzeiten tritt aber nicht nur Korrosion auf, es gibt auch noch ein weiteres Problem: Das Öl zersetzt sich und trennt sich in seine Bestandteile auf. Ab-

Moderne Kraftstoffadditive können sich ablagern. Der Tank hat einen Ablauf. Entsorgen Sie den abgelassenen Kraftstoff umweltgerecht.

Stählerne Froststopfen können von der Innenseite her rosten und kleine Wasserdurchlässe bilden.

Die Membran mechanischer Kraftstoffpumpen kann verhärten und dann im Betrieb zerreißen. Preiswerte Reparatursätze schaffen hier Abhilfe.

hängig vom Öltyp (mineralisch oder synthetisch) können sich säurehaltige, aggressive Rückstände bilden, die jedes Metallstück, das damit in Verbindung kommt, korrodieren lassen.
Benzin mit einem Ethanolanteil von mehr als 10 Prozent kann zu Korrosion im Kraftstoffsystem führen. Korrodierte Benzinleitungen können im Extremfall undicht werden, so dass beim Starten Brandgefahr im Motorraum entsteht.
Bei fehlendem Frostschutz kann das Kühlsystem von innen rosten. Die Froststopfen können herausfallen und Risse in Motorblock oder Zylinderkopf hervorrufen. Schlammablagerungen können Überhitzung verursachen.

Räder

Reifen, die die Last des Autos längere Zeit nur in einer Position tragen, bilden Standplatten aus. Diese machen sich durch Vibrationen beim Fahren bemerkbar. In den Flanken können sich Risse bilden, die Gummimischung kann aushärten und damit zum Sicherheitsrisiko werden.

Eine Wiese ist der ungünstigste Untergrund zum Abstellen eines Fahrzeugs, weil die ständige Feuchtigkeit nicht gut ist für den Unterbodenbereich und die Radaufhängung.

Federn und Dämpfer

Feuchtigkeit lässt die Blattfedern rosten und zusammenkleben, dadurch verhärten sie und brechen leicht. Gummibuchsen verhärten sich und können den Fahrkomfort ebenfalls verschlechtern. An Stoßdämpfern werden nach langem Stillstand die Dichtungen undicht, so dass das als Dämpfungsmittel enthaltene Gas entweichen kann und die Stoßdämpfer wirkungslos werden.

Gummi und Plastik

Gummiteile kommen beim Land Rover an vielen Stellen zum Einsatz. Die Kühlwasserschläuche beispielsweise werden hart und rissig, was zu Kühlwasserverlust führen kann. Tür- und Fensterdichtungen können spröde und undicht werden. Tüllen und Ummantelungen können rissig werden. Die Wischerblätter können hart werden und lösen sich dann vom Wischerarm. Die Membran in der Unterdruck-Zündvorverstellung kann zu einer verspäteten Zündung führen – die Folgen sind ein erhöhter Kraftstoffverbrauch und im schlimmsten Fall ein Motorschaden wegen Überhitzung.

Antriebswellen und Spurtstangen besitzen Gummitüllen. Wenn diese Risse bekommen, können hier Wasser und Schmutz eindringen, was zu einem schnellen Verschleiß dieser Bauteile führt.

Elektrik

Die Elektrik verbraucht auch bei abgestellter Zündung Batteriestrom. Wird die Batterie nicht abgeklemmt oder kein Ladegerät angeschlossen, ist sie spätestens nach vier Wochen leer, im Winter noch erheblich schneller. Bleibt eine normale Bleibatterie lange entladen, so nimmt sie Schaden und muss ersetzt werden.

Masseprobleme, besonders im Motorraum, sind häufig. Das Massekabel neigt zu Korrosionsbildung. Zündkabel härten ebenfalls aus und können brechen, und Kabelhüllen werden auch gerne von Nagetieren angefressen, die auf der Suche nach Futter oder einem neuen Zuhause sind.

Auspuff

Das Abgas enthält stets Wasser als Verbrennungsprodukt aus dem Motor. Bleibt es lange im Auspuff, wird es dort von innen her Rost verursachen. Von außen wird die Anlage in gleicher Weise von der Außenluft angegriffen, aber auch von Salz und Schmutz.

16 Wichtige Adressen und Ansprechpartner

Wer einen Klassiker wie den Land Rover Serie 3 besitzt, wird früher oder später darüber nachdenken, sich einem Club oder einer Interessengemeinschaft anzuschließen. Ein Club bietet technische Unterstützung, hilft bei Fragen und es lassen sich Teile organisieren oder komplette Fahrzeuge kaufen. Auch stehen regelmäßige Treffen und Ausfahrten auf dem Programm.
Die Gemeinschaft der Land-Rover-Liebhaber organisiert sich weltweit in einer starken Club-Szene, die sich besonders im Internet mit zahlreichen Seiten und Foren der Serie 3 annimmt. Neben typspezifischen Informationen erweist sich das World-Wide-Web auch als nützlicher Helfer bei der Suche nach Spezialisten, wenn es um das Thema Restaurierung geht. Unter www.oldtimer-adressenlexikon.de und www.oldtimer-markt.de offerieren Dienstleister aus allen Bereichen ihre speziellen Fertigkeiten rund um das „rostigste Hobby der Welt".

Land Rover Clubs und Internetforen in Deutschland und Europa

Deutscher Land Rover Club e.V. DLRC
Bismarckstr. 68
10627 Berlin
www.deutscher-land-rover-club.de

www.landy-planet.de

www.mein-landrover.de

Land Rover Club Schweiz
www.lrc-edelweiss.com

Englische Vereine:

Series 2 Club Ltd.
www.series2club.co.uk/ _blank

The Internet Land-Rover Club
www.landroverclub.net _blank

The Land Rover Series III Owners Club
www.thelandroverclub.co.uk/ _blank

Teilehändler und Restaurierungsfachbereiche (Auswahl)

LANDROVER-SECONDHAND
Alles rund um klassische Land Rover
Günter Boes
Alte Dorfstraße 22a
21702 Ahlerstedt
www.landrover-secondhand.de

Jens-Peter Adam Vergaser-Service
Dorfstraße 8
22929 Hamfelde/Lbg
www.su-stromberg.de

Vergaser Bob
Robert Tyler
Bergstraße 22
31789 Hameln
www.vergaserbob.de

LS-tec® 4x4 / www.LANDY-SCHEUNE.de
Marc Burauen
Pivitsheider Str 85d
32791 Lage
www.landy-scheune.de

Old Landy Workshop
Friedrich-Wilhelms-Bleiche 8c
33611 Bielefeld
www.old-landy-workshop.de

FWD GmbH
Markwinkel 3
37136Waake
www. fwd-ebner.de

moto Kater
Andreas Kater
Kfz-Mechaniker-Meister
Roseller Straße 15
41539 Dormagen
www.motokater.de

EXPERIENCE PARTS GmbH & Co. KG.
Am Sportplatz 26a
42489 Wülfrath
www.experience-parts.com

Theo's Landy Station GmbH
Theo Schön
Annabergstr. 29
45721 Haltern
www.blattfedern.de

Limora Oldtimer GmbH & Co. KG
Industriepark Nord 19 – 21
53567 Buchholz
www.limora.com

Landy Depot Ltd
Wiesbadener Str. 89-91
55252 Mainz-Kastel
www.landy-depot.de

Off Road Center Wiesbaden
Guenter Schiebofski
Daimlerstr. 41A
65197 Wiesbaden
www.land-rover-ersatzteile.de

Classic-Line
Michael Schmidt
Kästnerstraße 23
74321 Bietigheim-Bissingen
www.classic-line.org

LandyPoint GmbH
Neidinger Straße 41
88631 Beuron-Neidingen
www.landypoint.com

Korrosionsschutz-Depot
Dirk Schucht
Friedrich-Ebert-Str. 12
90579 Langenzenn
www.korrosionsschutz-depot.de

Englische Teileanbieter:
www.ashtreelandrover.com
www.autoelectricsupplies.co.uk
www.badgercoachworks.com
www.classiclandrover.co.uk
www.exmoortrim.co.uk
www.island-4x4.co.uk
www.land-rover-parts-shop.com
www.landrover-parts.net
www.landroverspares.co.uk
www.mm-4x4.com/
www.richardschassis.co.uk
www.yrm-metal-solutions.co.uk

Literatur zum Thema

Bordbücher, Werkstatthandbücher und zeitgenössisches Prospektmaterial kann man sich auf Oldtimer-Märkten besorgen oder man wird fündig bei auf Automobilia spezialisierten Buchhändlern.
Bevor man auf Besichtigungstour geht, sollte man sich einen gründlichen Überblick über die Marktsituation und das Preisgefüge verschaffen. Diverse Preisführer (z.B. der jährlich im HEEL Verlag erscheinende *Oldtimer Katalog*) und Fachmagazine wie *Oldtimer Markt* sind unverzichtbare Hilfsmittel und hervorragende Informationsquellen für jeden Land-Rover-Kaufinteressenten.

Nick Dimbleby	Das große Land Rover Buch	HEEL Verlag
Christian Petzoldt	Das große Buch der Fahrzeugpflege	HEEL Verlag
Christian Petzoldt	Oldtimerpflege	HEEL Verlag
Günther Zink	Oldtimer Katalog Nr. 27	HEEL Verlag

Wichtige jährliche Veranstaltungen

Bremen Classics, Bremen
Retro Classics, Stuttgart
Techno Classica, Essen
VETERAMA, Hockenheim
Motorshow, Essen

17 Daten und Fakten

Produktionsgeschichte

1971: Vorstellung des Land Rover Serie 3
1974: Ende des Exports nach USA und Kanada
1976: 1.000.000ster Land Rover hergestellt
1980: Fünffach gelagerter Vierzylindermotor (2286 ccm) eingeführt
1982: Vorstellung des County Station Wagon
1985: Produktion eingestellt

Gewichte

88er

Modell	Leergewicht	Zulässiges Gesamtgewicht
Offen, Benziner	1298 kg	2120 kg
Offen, Diesel	1336 kg	2120 kg
Pritsche, Benziner	1307 kg	2120 kg
Pritsche, Diesel	1345 kg	2120 kg
Hardtop, Benziner	1446 kg	2120 kg
Hardtop, Diesel	1487 kg	2120 kg
Station Wagon, 7 Sitze, Benziner	1526 kg	2120 kg
Station Wagon, 7 Sitze, Diesel	1567 kg	2120 kg

109er mit Vierzylindermotor

Modell	Leergewicht	Zulässiges Gesamtgewicht
Offen, Benziner	1609 kg	2710 kg
Offen, Diesel	1658 kg	2710 kg
Pritsche, Benziner	1612 kg	2710 kg
Pritsche, Diesel	1661 kg	2710 kg
Hardtop, Benziner	1654 kg	2710 kg
Hardtop, Diesel	1703 kg	2710 kg
Station Wagon, 12 Sitze, Benziner	1803 kg	2710 kg
Station Wagon, 12 Sitze, Diesel	1841 kg	2710 kg

Zuladung ist die Last (ohne Fahrer und Beifahrer), die das Fahrzeug bequem bei Geländefahrt transportieren kann. Sie liegt meist bei 460 kg, beim 109er bei 680 kg.

Nachfüllmengen

	Vierzylindermotoren	Sechszylindermotor
Kühler	10,2 Liter (Diesel: 9,9 Liter)	11,3 Liter
Motoröl	7,1 Liter	7,3 Liter
Getriebeöl	1,5 Liter	1,5 Liter
Verteilergetriebe	2,5 Liter	2,5 Liter
Radnaben	0,6 Liter	

Differenzial

Rover	1,7 Liter
ENV	1,4 Liter
Salisbury	2,5 Liter

Kraftstofftank
Der Tank fasst bei allen Modellen 45 Liter, beim 109er Station Wagon und allen 109er Sechszylindern 68 Liter.

Zündkerzen
Vierzylinder mit Verdichtung 7:1: Champion N8, bei Verdichtung 8:1: Champion N12Y
Sechszylinder: Champion N5

Zündeinstellung

Vierzylindermotoren
Verdichtung 7:1: 8 Grad vor OT
Verdichtung 8:1: Genau OT
Verdichtung 8:1 mit Abgasreinigung: 6 Grad nach OT

Sechszylindermotor
Verdichtung 7:1: 6 Grad vor OT
Verdichtung 8:1: 2 Grand nach OT
Schließwinkel der Ducellier-Zündanlage: 57 Grad

Ventilspiel
Vierzylinder-Benziner und -Diesel: Ein- und Auslass 0,25 Millimeter (kalt oder warm)
Sechszylinder: Einlass 0,15, Auslass 0,25 Millimeter (warm)

Wendekreis
88er: 11,6 Meter, 109er: 14,3 Meter. Breitere Reifen vergrößern den Wendekreis.
Vorspur: 1,2 bis 2,4 Millimeter
Radmuttern-Anzugsmoment (Serie 3: gesplintet): 108 Nm

Reifengrößen
88er: 6.00-16, 6.50-16, 7.00-16 oder 7.50-16. 109er: 7.50-16

Reifendruck (unbeladen und beladen)
Vorn bei allen Modellen und angegebenen Reifenformaten: 1,7 bar
Hinten beim 88er: 2,1 und beim 109er: 2,5 bar
Um den Fahrkomfort zu verbessern, kann der Druck auf 1,7, beim 109er auf 2,1 bar reduziert werden.

Kraftstoffverbrauch
88er: ca. 16 Liter/100 km (Benziner) bzw. ca. 10 Liter/100 km (Diesel)
109er: ca. 16,6 Liter/100 km (Vierzylinder-Benziner) bzw. ca. 11 Liter/100 km (Diesel)
109er: ca. 20 Liter/100 km (Sechszylinder-Benziner)
Im Stadtverkehr liegt der Verbrauch höher, mit Allradantrieb liegt er erheblich höher.

Bücher für Offroader bei Heel

208 Seiten, 300 Abbildungen,
245 x 290 mm, Hardcover
€ (D) 49,95
ISBN 978-3-95843-868-2

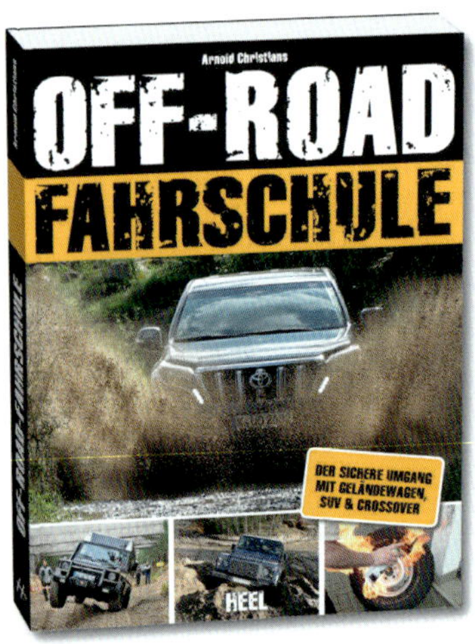

240 Seiten, zahlreiche Abbildungen,
245 x 290 mm, Softcover
€ (D) 29,95
ISBN 978-3-95843-702-9

220 Seiten, ca. 700 farbige Abb.,
210 x 275mm, Hardcover
€ (D) 49,95
ISBN 978-3-89880-718-0

Praxis-Ratgeber

528 Seiten, zahlreiche Farbfotos,
210 x 297 mm, Softcover
€ (D) 19,99
ISBN 978-3-96664-783-0

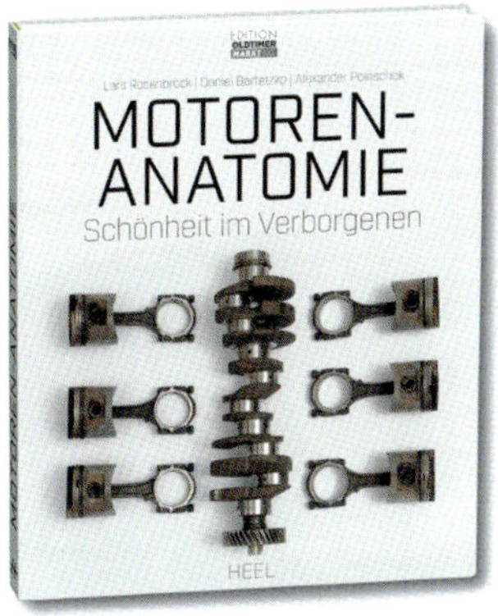

144 Seiten, zahlreiche Abbildungen,
245 x 290 mm, Hardcover mit Schutzumschlag
€ (D) 39,95
ISBN 978-3-95843-769-2

96 Seiten, zahlreiche Abbildungen,
215 x 302 mm, Hardcover
€ (D) 19,99
ISBN 978-3-95843-705-0

208 Seiten, zahlreiche Abbildungen,
176 x 297 mm, Softcover
€ (D) 17,90
ISBN 978-3-95843-767-8

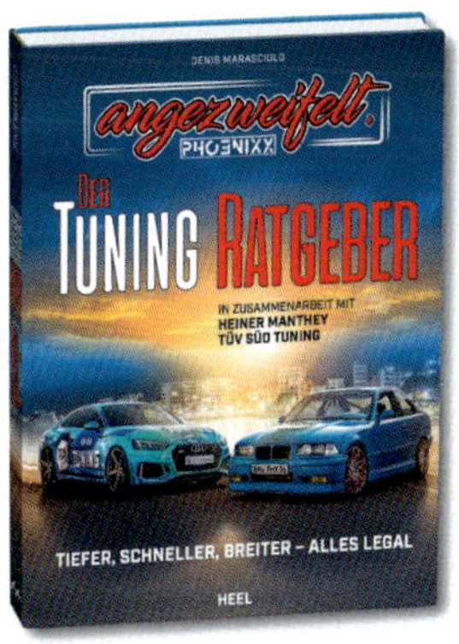

208 Seiten, 190 x 230 mm, zahlreiche
Abbildungen, Hardcover
€ (D) 19,99
ISBN 978-3-96664-137-1

320 Seiten, zahlreiche Farbfotos,
215 x 275 mm, Hardcover
€ (D) 39,95
ISBN 978-3-95843-901-6